Les plantes des fées

大自然的精神

对于我们普罗众生而言，世俗的生活处处显示出作为人的局限，我们无法逃脱不由自主的人类中心论，确实如此。而事实上，人类的历史精彩纷呈，仿佛层层的套娃一般，一个个故事和个体的命运都隐藏在家族传奇或集体的冒险之中，尔后，又通通被历史统揽。无论悲剧，抑或喜剧，无论庄严高尚、决定命运的大事，抑或无足轻重的琐碎小事，所有的生命相遇交叠，共同编织“人类群星闪耀时”的锦缎，绘就丰富、绚丽的人类史画卷。

当然，这一切都植根于大自然之中，人类也是自然中不可或缺的一部分。因此，每当我们提及“自然”，就“自然而然”地要谈论人类与植物、动物以及环境的关系。在这个意义上说，最微小的昆虫也值得书写它自己的篇章，最不起眼的植物也可以铺陈它那讲不完的故事。因之投以关注，当一回不速之客，闯入它们的世界，俯身细心观察，侧耳倾听，那真是莫大的幸福。对于好奇求知的人来说，每样自然之物就如同一个宝盒，其中隐藏着无穷的宝藏。打开它，欣赏它，完毕，再小心翼翼地扣上盒盖儿，踮着脚尖，走向下一个宝盒。

“植物文化”系列正是因此而生，冀与所有乐于学习新知的朋友们共享智识的盛宴。

塞尔日·沙

魔法植物

[法] 韦罗妮卡·巴罗　里夏尔·艾利　著
丁若汀　译

生活·讀書·新知三联书店

序言

献给花园的一角

她有着如同薰衣草花朵一样的目光。

——弗朗西斯·雅姆（Francis Jammes）

花朵、仙女、植物、小精灵、艾尔夫精灵、树木、努桐精灵、蘑菇：它们之间的关系密切相连，它们有着共同的根和共同的茎。它们一同有着帽子般的毛地黄花朵、翅膀状的花瓣及酷似皇冠的花冠：是山楂树的白色花海，也是在其间飞来飞去的淡绿色小仙女衣服上翘起的白色花边。

就像“蛋生鸡还是鸡生蛋”的问题一样，我们问道：“是花里诞生了仙女，还是仙女幻化成了花？”是花仙子挥动魔法棒，从土里变出了花朵，并给它抹上颜色，赋予它芳香的气味，还是花魂照着自己梦里的影像，造出了仙女的形象，让她绽放，任她飞翔，或是任她在湿润的草地里奔跑？两者都是。这是一场完美的婚礼、思维的和谐。

同时，她们还诞生出了许许多多的后裔，数不清的栎林、银莲花、蓝铃花、玫瑰、车前草、树莓……以及许多小生灵。每个仙女都有与她对应的花，每种植物也都有与之对应的小精灵……这便构成了众多聚集在一起的植物——精灵族群。尤其在恋爱的季节里，在三月的月光下，在五月杜鹃的鸣叫声中，这个小小世界里的生灵相互结合，在花朵的摇篮里，给精灵花园和仙女山林带来各个新种类的生灵……

花盆、叶片、精灵的女士短上衣和男士短外裤，隐藏着一系列神奇的童话、信仰、传说和儿歌，它们就类似于家庭户籍本或出生证明，我们需要掌握这些知识才能更好地认识它们、理解它们、驯服它们、栽培它们、修剪它们，并且了解它们的秘密，即这些草药巫师的秘密，以及住在魔岭上的智慧的植物学家的秘密。

很早以前，在野兽和植物都会说话的时代——我们还能听懂它们的语言的时代——当人类和自然诸神以及地方诸神的联系还没有断裂之时，在外来者亵渎树林和草地，为凹陷的土地修平铺上沥青之前，人类的祖先对大自然的信息了如指掌，知晓每一个生灵的故事和起源。他们把这部大自然的“巨著”传给了自己的孩子之后，这些孩子又将它传给了自己的孩子，于是一代又一代，大自然的一切都保持着勃勃生机，花朵也永远在绽放。

但是慢慢地、一点一点地，这个“从前”因为各种无关紧要的理由被遗忘了……于是，需要新的园丁在被施了魔法的田野上、小灌木丛里，重新对着珍贵的种子吹气，重新在羊肠小道上播撒种子，还需要微风的诉说……

韦罗妮卡·巴罗和里夏尔·艾利就是这样的新园丁。韦罗妮卡是一个长着棕色头发与蟋蟀为伍的仙女，她在南方的灌木丛里采摘草药；里夏尔能够梦到仙子，在北方的山丘上采集植物。这两种视野会聚在了同一个花园里，只需要翻开书页，这个花园便能再次充满魔力。

皮埃尔·杜布瓦（Pierre Dubois），精灵研究者

目 录

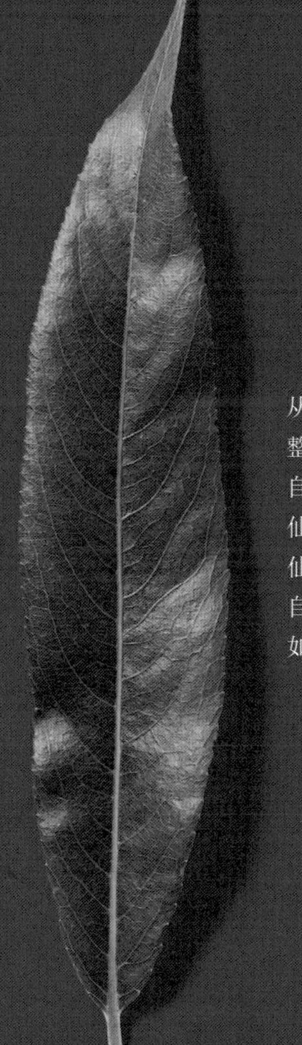

仙女的花园里

从前，在森林里

想要探寻精灵的源头，则要追溯到人们对自己周遭的环境仍然敏感的时代。数千年来，仙女、艾尔夫精灵、小精灵身上汇聚了多重信仰，梳理工作就变得十分必要了。

自然之母和万物有灵论（ANIMISME）

在人类历史的初期，诞生了一位女神：自然之母。她守护着人类，也守护着动物和植物。母神的观念广泛存在，在史前时代长达三万年的时间里，人们在洞穴、树林、湖泊和山岭中都留下了母神观念的痕迹。这位母神常常表现为森林的形象，那时候，地球还被森林广泛覆盖。伴随着这个最初的对造物之神的信仰而来的，是对万物——不管它是有血有肉的，还是石头的，抑或是青枝绿叶的——皆有灵魂的信仰。为了能和这些生物或者是统治整个大地的神祇交流，萨满（chaman），也就是原始宗教里的巫师，拥有解读它们的信息的能力。由此便诞生了守护神的观念，它们是我们看不见但却需要敬畏的生灵。

阿耳忒弥斯（Artémis），或者叫狄安娜（Diane），以及她的宁芙（nymphe）女神。

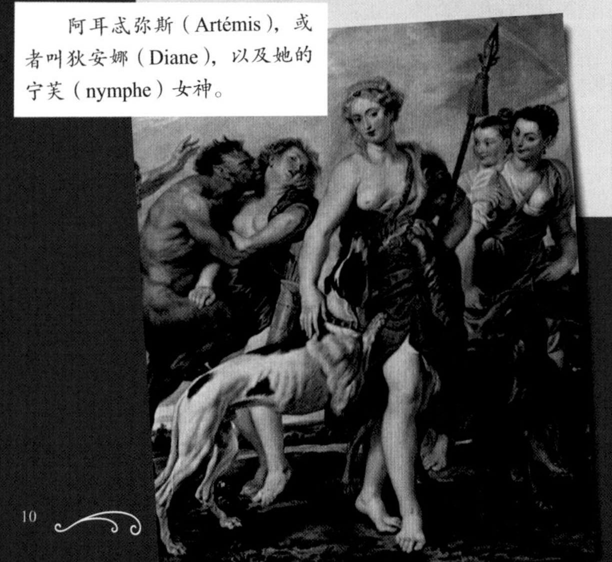

阿登（Ardennes）地区的女神

阿尔杜伊娜（Arduinna）是森林女神，人们以她命名了阿登地区。她是一片占有统治地位的、深厚而广袤的森林。很多地区都崇拜她的奥义。她受到凯尔特人的祭拜，后来罗马人将她与他们的狩猎女神狄安娜合二为一。

最早出现的断裂与黏合裂痕的男性

渐渐地，信仰脱离了这个原始的、女性的实体。首先，森林不再是一个无法分割的整体，而是由各种不同性质的树木和花草组成，它们都有自己的神或者精神。另外，农业社会不再把权力交到一位母亲手里，而是交给了一位父亲：父权模式诞生了。男性神取代了女性神，强大的雷电和火焰超越了提供保护的森林之母。

神的随从

阿耳忒弥斯和她的仙女们

很多神祇保留了史前母神形象的影子，在西方世界中，阿耳忒弥斯就是她高贵的后裔。阿耳忒弥斯既是野性自然之神、狩猎女神，也是守护边界、树林和动物之神，有很多宁芙女神围绕在她身边。我们的仙女便源于这些诞生自泉水、岩石和植物的美丽姑娘。

狄俄倪索斯与他的随从

狄俄倪索斯（Dionysos），这位再生之神是最古老的神祇之一，

仙女与亡者的世界相关。在这幅画中，报丧女妖班西（Banshee）前来迎接完成了他最后一次征程的骑士的灵魂……

仙女的王国，亡者的住所

不管她们是住在水泽或坟茔深处的宫殿里，在山丘下，还是在石棚墓的中心，仙女们都与亡者共享着同一个世界。从爱尔兰的报丧女妖班西到法国的白衣女子，这些介于仙女和幽灵之间的生灵不胜枚举。而那些让森林为之战栗的野猎队伍则由鬼魂组成，也包括面目狰狞的仙女和眼睛闪闪放光的小精灵。

随着父权制进入神祇的世界，为森林提供保护的职能退居到了次要的位置。幸运的是，一些男性神继承了保护性的角色。

在古希腊之前的信仰中便已经存在了。他是戏剧演员崇拜的对象，葡萄园和葡萄酒之神，更重要的是，他代表了无节制。他的随从们沉浸在疯狂的极度兴奋的状态中，这些随从包括戴着常春藤花冠的女祭司、半人半兽的萨堤尔（Satyre）和他的老酒友西勒努斯（Silène）。这情感奔放、喜爱玩笑和美酒的性格，在小精灵身上留下了影子。

伟大的潘神（Pan）

潘神是一头母羊和宙斯结合后诞下的神，自然成了羊群和牧羊人的保护神。潘神的形象复杂而模糊，他拥有的一些特质表明他与史前信仰有关，比如他与月亮的关系，他的动物性和他超验的属性——他代表了“一切”（一些说法认为潘神的名字来自古希腊语的“一切”。——译注）。潘神与多神教信仰、萨堤尔、法翁（Faune，一种半人半羊的精灵。——译注）以及草地和林边那些带角有蹄的野兽密切相关，后者常常带来混乱和恐慌。更别提他淫乱的一面：他总是坚持不懈地追求宁芙女神。小精灵喜爱女性的性格和他一样。

具有说明性的修饰语

古代诸神的名字都带有修饰语，这反映了与他们有关的自然事件或者他们所取代的古老神祇。比如，狄俄倪索斯的修饰语有 Denditres，意为“树木的”，Phloios，意为“树皮的”，Sukitês，意为“无花果树的”。

对植物之神的信仰体现在对树木的崇拜上，这一传统延续了许多个世纪，直到今天仍然活跃地存在着，比如在某些树上钉上钉子或挂上破布片来为孩子退烧，或为实现愿望来祈求。

整理一下

众所周知，精灵们甚是讨厌被分类。对它们来说，最糟糕的事情莫过于被关在一个窄小的抽屉里，或者它们的后背被贴上标签，或者被视作普通的淘气鬼。然而，请它们原谅我们吧，我们不得不把它们分类，以使大家看得更清楚一些……

小生灵，大家族

研究精灵这个主题就意味着打开了无限的视角，因为那个世界的居民太多种多样了。从澳大利亚的米米特（Mimith）到南美洲的皮平图斯（Pipintus），还有北欧拉普兰（Lapons）民族信仰的地精古费塔尔（Gufithar），这些仙女和精灵有很多亲戚。请记住，在全世界它们的族群有多么丰富，而在此，我们只是回顾一下法国最具象征性的几种精灵。

艾尔夫精灵、仙女、小精灵，它们都被归在具有诗意的“小生灵”（Petit Peuple）的麾下。

19世纪，英国有一个以精灵及其传说和故事为灵感创作的画派。这幅画出自亨利·梅内尔·瑞安姆（Henry Meynell Pheam，1859-1920）之手，名为《妖精森林》（*The Fairy Wood*）。

仙女

好教母

童话故事没有弄错，仙女们守护着我们。她们名字的词源肯定了这一点：fée这个单词来自factum，意为“命运”，罗马人用fata来命名他们所崇拜的小神祇。很多传说都提到，仙女往往有三名，或者她们喜欢织布，保护纺纱女。明显地她们与古希腊的摩伊赖（Moires）或是古罗马的帕耳开（Parques）有关（即命运三女神。——译注），她们纺织、展开并剪断我们的生命之线。

宁芙女神和德鲁伊教女祭司

仙女与命运女神的关联随后变得更加丰富，融入了穿着白纱的狄安娜的女祭司，以及高卢文化中祈祷树木之神的女祭司。比如，在森岛（île de Sein）上生活着九位永守贞操的德鲁伊教女祭司，她们拥有控制风浪、统治自然和预言未来的能力。这些祭司的能力和仙女们相同。水和泉源里的女仙（naïade）、树精（dryade）与所有的掌管植物的宁芙女神，也都是生活在树林和田野里的仙女形象的源头。仙女的形象诞生于中世纪，她结合了所有这些与自然密切相关的女性形象。

就像古代神话中的命运女神一样，仙女通常有三名。

小精灵是人们想象力的代表，它们有时候调皮，有时候使坏，可别被它们友善的样子欺骗了。

小精灵

来自黑夜和水中

对 lutin 这一单词的词源研究做出了两种假设。第一种认为它与尼普顿（Neptune）有关，后者是海洋之神，并且早期神话中它也管辖所有的水域。因此，很自然地，我们的小精灵朋友经常出没于沼泽、溪水、泉水和其他它们所喜欢的潮湿的地方。第二种假设认为 lutin 源自黑夜（nuit）一词，以及衍生出的努桐精灵（nuiton，nuton）。确实，这些小生灵喜欢在夜幕降临后行动，跑到房子或马厩里去捉弄人。

淘气的家伙

小精灵的最大特点便是淘气。把马的鬃毛打成结，打翻瓶瓶罐罐，偷走用具器皿，甚至在现代世界偷走我们的车钥匙，它们从来不会停止捣乱。极致的捉弄莫过于把你拉进它们的圆圈里，几年之后再将你放出来，而你却意识不到时间的流逝。

那么小矮人（nain）呢？

小矮人，或者德语中的 Kobold，源自日耳曼文化，它们属于地狱之神，也就是说被禁锢在地下世界的生灵。采矿人把它们称作科诺克（Knocker），在洛林地区，它们叫“小米努”（Petit Minou，minou 来自单词 mine，意为“矿”。——译注），在布列塔尼则叫“小矿工”（Petit Mineur）。这些小矮人会提醒矿工将要发生塌方，或者为他们指明矿脉的位置。德国的小矮人茨维克（Zwerc）性格粗犷，毛发浓密，可能与法翁和萨堤尔有关联。简言之，我们可以认为小矮人和小精灵属于同一个属，但不是同一个种……

艾尔夫精灵

斯堪的纳维亚半岛的民间文化

最古老的北欧文献中就已经记载了艾尔夫精灵，它们被描述为一种低阶的神祇，与自然和富饶有关。elfe（艾尔夫）一词的词源表明这个单词非常古老，词根是印欧语系的 albh-，意为“白色的、浅色的”。可惜的是，描述这些明亮、善良而强大的生灵的文字都没有流传下来。如今它们的形象和性格与小精灵接近，与民间传统相去甚远。

身材多变

艾尔夫精灵最早被描述为和人类一般大小，并且美貌异常。后来，它们变得身材矮小，爱扮鬼脸且调皮捣蛋。直到最近，多亏了托尔金（Tolkien）——他从古老文献中汲取灵感——艾尔夫精灵才重新找回了它们和人类一样的身形，甚至是接近天使的气质。在法国，只有阿尔萨斯地区有艾尔夫精灵，其他关于艾尔夫精灵的形象都来自北欧。

吃人魔与巨人

带来混乱的神

巨人（géant）与世界的诞生有关。所有的神话都记载了这些庞然大物，它们让大地颤抖，掀翻高山，吸干或者填满海洋。它们是自然力量的象征，从中世纪到现代的动物寓言和民间故事中都有关

一句话总结

我们的盎格鲁－撒克逊朋友用 fairies 指代仙女、小精灵以及所有精灵家族的成员。可惜的是，法语中并没有这样一个词。在法语中，我们用“小生灵”（Petit Peuple）这个词——它来自英语的 little people，但是意思比较狭窄——或者是“精灵族”（peuple féerique）一词。

于它们的记载。最著名的巨人莫过于卡冈都亚（Gargantua，法国作家拉伯雷《巨人传》中的主要人物之一。——译注），它到处撒下巨石，竖立高山——比如卡尔冈山（Gargan）——为了解渴喝干了罗讷河（Rhône），它的脚印则成了沼泽。

把小孩和基督徒都放进菜单！

巨人都爱吃肉吸髓，尤其是小孩子的细皮嫩肉。吃人魔（ogre）的形象也许是匈牙利人入侵时恐怖记忆的残留，它们也可能是地狱之神奥伽斯（Orcus）的后裔。吃人魔会举办可怕的舞会。在北方地区，洞穴巨人（troll）会用基督徒果腹。这些巨型妖怪往往愚蠢而凶恶，常常被骑士甚至小孩制伏，因为后者会用人类的智慧来对抗野蛮的力量。这又是一个狡猾的计策，好让我们以为自然界没有聪明的生物！

其他精灵

小精灵形象多变，可以变化出各种不同的外表：蟾蜍、花朵、木柴、山羊等等，一切皆有可能。除了变化多端的小精灵，精灵族还有很多其他成员。鬼火（follet，fifollet，fiole，lumerotte）把好奇之人引诱到自己所在的沼泽里；白鼬（herminette）是一种瘦而修长的小野兽，它会溜进你的腿间，让你摔一跤；气精（sylphe）顺着气流跑动；美人鱼（sirène）用致命的歌声吸引可怜的水手。它们一起组成了精灵们美丽而庞大的家族。

提到生活在海里的神奇生物，一定要算上美人鱼！

自然的精神

关于信仰的历史是多元的，它由平行的线条组成，我们需要厘清它们来更好地理解精灵家族有哪些分支。其中的一个分支即为看不见却真实存在的生灵，它们守护着植物。这个观念在今天依旧活跃，被世界上的很多人认同。

基本元素，我亲爱的帕拉塞尔苏斯

中世纪时的信仰

法翁、宁芙女神、小精灵、艾尔夫精灵的形象贯穿着整个中世纪。民间信仰让农夫始终想着为树精献上供品，摆上破罐子和鞋子让森林里的地精修理，害怕惹仙女们发怒。那时的民间想象从充满传奇的动物寓言和被断章取义的旅行者游记中汲取灵感。同时，它也受宗教信仰的影响，后者既肯定了这些生灵的存在，同时又与它们对立。不管在那时的农民心中还是在学者眼里，自然的精神是确确实实存在的。

某些教堂三角楣和柱子上做装饰用的神秘的“绿人”(Green Man)，便来自中世纪对野人的想象，它们代表了无法被驯服的森林的精神。

神秘的国度

柯尔克（Kirk）牧师于 1691 年写下的手稿在 1815 年出版，它揭示了基本元素的秘密。柯尔克把基本元素描述成以太体的（étherique），由凝固的气体构成，通过吸取其他物质的香味生存。

传说柯尔克牧师并没有被葬在阿伯福伊尔（Aberfoyle）的墓地。艾尔夫精灵埋怨他泄露了它们的秘密，把他带到了旁边山丘下的艾尔夫王国。

地精、气精和蝾螈

有一个人深深地改变了仙女和小精灵的世界，他就是帕拉塞尔苏斯（Paracelse）。帕拉塞尔苏斯的本名为菲利普斯·泰奥弗拉斯图斯·奥里欧鲁斯·博姆巴斯图斯·冯·霍恩海姆（Philippus Theophrastus Aureolus Bombastus von Hohenheim），是生活在 16 世纪的一位医生兼炼金术士，他开创了毒物学和顺势疗法。那时，刚刚诞生的科学还深受信仰世界的影响，而炼金术则是人类第一次企图科学地理解世界的尝试。帕拉塞尔苏斯在他的《论宁芙女神、气精、矮人、蝾螈和其他生灵》（*Liber de Nymphis, sylphis, pygmaeis et salamandris et de caeteris spiritibus*）一书中将水、气、土、火四种元素与四种生灵联系在一起。四元素分别对应着宁芙女神或水精（ondine）、气精或艾尔夫精灵、矮人或地精（gnome）、蝾螈。由此，地精对土地的产物——包括植物——来说不可或缺也难以分离。由于它们的属性，这些精灵也被称为基本元素（Élémentaires，Élémentaux）。

从斯坦纳到芬德霍恩

从炼金术到通灵论

帕拉塞尔苏斯的炼金术理论在后来的几个世纪获得了越来越大的成功。19 世纪，随着工业化和科学精神的发展，产生了一种宣扬精神性的反对思潮。一种神秘学说横空出

胡睹（huldre）是挪威神话中居住在森林里的一种精灵，雄性被称作 huldu，雌性为 huldra。如果你偶遇一个美人，一定要检查她的裙子底下是否伸出一根奶牛尾巴或者狐狸尾巴。否则，你可能会被附身，就像画里这位天真的制炭工人一样。

世，它受到了东方哲学和思想的影响，这就是通灵论（spiritisme），或者说信仰精神的存在。旋转台和灵魂投射等实验使当时以及20世纪的思想家着迷，到处举办着研讨会，成立社团，神秘组织渗透到了超科学（parascience）和秘术领域。人们不再认为自然精神能够被触及。民间传说里的描述从此被视作无稽之谈而被摒弃，这些新学说的追随者相信不可见的精神的存在，它们是人类的守护天使，是植物的基本元素。

鲁道夫·斯坦纳的讲座

鲁道夫·斯坦纳（Rudolf Steiner）是布拉瓦茨基（Blavatsky）夫人创建的神智学（théosophie）的追随者中的异端，人智学（anthroposophie）的创始人，举办了数场关于基本元素的讲座。他也创立了生物动力学说（culture biodynamique）、华德福教育（écoles Waldorf）和维蕾德（Weleda）化妆品牌，同时还提出了不少令人震惊的理论，后者至今仍有不少信奉者。在1923年11月2日于多尔纳赫（Dornach）举办的一场讲座中，这位奥匈帝国的哲学家提到了一个看不见的、守护着植物的世界。在他看来，存在着精神和地精，它们连接着根系和矿物。如果没有它们，任何植物都不能生长。水精与水相连，能够防止植物干枯，保证植物，尤其是叶片的生长。气精则“怀着爱意为植物带来光明”。不得不承认，这些理论和我们正统的植物学理论相去甚远。

地精在哪里？它们也许正在劳作：根据鲁道夫·斯坦纳的理论，地精通过植物的根系收集宇宙的理念，并承载着它们。

芬德霍恩的奇迹

同样奇特的是彼得（Peter）和艾琳·凯迪（Eileen Caddy），以及他们的朋友多罗丝·麦克林（Dorothy Maclean）的故事。1962 年 11 月，他们把房车开到苏格兰东北部的一片空地上并定居下来。他们刚刚失去了在此地的一个大型旅馆里的工作。艾琳从很早之前就能听到一个引导她的细小声音，他们深受通灵论的影响，决定追随植物之精神，也就是提婆（deva）的指引，在这块砂质且贫瘠的土地上修建一个花园。随后发生的诸多与提婆的交流使他们的收成出奇的好，这引起了当时的科学家的兴趣。芬德霍恩（Findhorn）花园至今仍然存在，数十年以来，那里都居住着一个信仰团体，他们努力地进行着与环境保护相关的事务。在澳大利亚和美国也进行了一些类似的实验，皆是把从自然精神那儿获得的信息作为指导。如今，在全世界，很多人都参与着与基本元素交流的培训，大量的关于这些神奇现象的书籍不停地问世。到底是幻想还是现实，你自己来评判吧！

中世纪的动物寓言里有很多保护着植物的奇怪生灵。悬铃木的艾尔夫精灵应该被归到哪类呢？

科廷利的仙女们

创造了夏洛克·福尔摩斯的阿瑟·柯南·道尔（Arthur Conan Doyle）爵士十分热衷于通灵术，他牵涉进了一桩仙女照片的奇怪事件。科廷利（Cottingley）的两个年轻表姐妹的故事引起了巨大轰动，引发了从 1917 年到 1921 年间的一系列争论。在这两位姑娘拍摄的照片中，能清晰地看到在花园里跳舞的仙女。科学家、通灵者和记者都试图弄清背后的玄机，但都没有成功。1983 年，在一系列波折之后，两位（前）姑娘中的一位最终承认，她们通过剪下画在纸板上的仙女造了假。

仙女与人

随着时间的推移，人类与精灵的关系发生了变化。最早是敬畏，然后因为害怕而厌弃，最终又逐步喜爱起来。这徘徊在爱与恨之间的情感使得人类和精灵的关系就像一部连载小说……

宝藏、爱情与美貌

安全的财富

民间传说里充满着小矮人的故事，它们会为矿工指明最好的矿脉，或者会铸造神奇的、镶嵌了宝石的宝剑。爱尔兰的拉布列康（Leprechaun）会把它们的金币藏在一口大锅里，埋在彩虹脚下。与这个守护宝藏的名声相对应的是精灵的住所，相传它们住在石棚墓或者坟茔之下。在这些地方进行的考古发掘或是盗墓活动，出土了大量钱币、兵器和陪葬品。这些事情能激发人们的想象力以及扩大精灵的名声。

为仙女提供了帮助的人会收到奖励，比如几块木炭，一把山毛榉、橡树或桦树的叶子，或者是一些谷粒。如果收到礼物的人没有粗心大意把它们弄丢的话，这

梅露欣（Mélusine）上半身为女人，下半身为蛇，嫁给了普瓦图（Poitou）的领主雷蒙丹（Raymondin）。它们的故事是讲述人类与仙女的爱情故事中最有名的一个。

银玫瑰

小精灵有时候会送人不可思议的礼物，后者能预言未来。在阿尔萨斯，一个矿山小矮人送给了一位姑娘一朵银玫瑰。如果将有喜事到来，玫瑰便会开放；若是坏事，花朵则会闭合。

些东西带回家后会变成金子！

待嫁的美丽仙女

想要将仙女娶回家，则要在她沐浴的时候拿走她放在岩石上的天鹅羽衣或是海豹皮。不过要知道的是，一旦她找回她的宝贝，就会飞走，婚姻也就结束了。有时，精灵界的王子也会爱上凡人女子，把她带到其充满奇珍异宝的水晶王宫里。不过，女士们尤其害怕小精灵的没有节制的欲望。这些小捣蛋鬼什么诡计都使得出，它们甚至会变身成内衣去接近目标。爱情也会在不同的精灵族群中萌芽。还记得奥布朗（Obéron）吧，它用紫罗兰的汁液做成了一种魔药，以期使泰坦妮娅（Titania）疯狂地爱上她睁眼见到的第一个生灵。但要命的是，她看到的是一头驴（这一情节出自莎士比亚的《仲夏夜之梦》。——译注）！

春药

仙女们知道各种让垂青之人爱上自己的魔药。中世纪的文学中充斥着与这些春药相关的故事，但是这些著名的药方却从未被提及。主要的原因在于需要保持神秘，不要消减神奇魔药的光环。不过为了读者你们，我们还是给出几个组成这些春药的植物的名字吧：除了著名的曼德拉草，还有薄荷、苦艾和金丝桃。

彩虹的脚下埋着宝藏，只需要沿着彩虹走就可以了。不过，可不确定把宝藏放在那儿的拉布列康不会因为人们把它拿走而生气。

撒播尊重的人能收获富足

满得要裂开的阁楼

在英国的林肯郡（Lincolnshire），人们会在森林边缘的大石块上放置第一批收获的水果和粮食，以此来感谢那些“小生灵”（Tiddy people）。它们使谷物成熟，使花朵和水果富有色彩。这种把最早收获的食物献给精灵的做法在全世界都存在。在日本，人们会把一碗混合了红豆的米饭献给田神（Tanokami）。所有遵守传统给神灵献祭的农民都能收获满满的金黄色的谷物，所有给了果园精灵供品的果农，都能看到果实压弯自家果树的枝条。不过，忘记这些小生灵，或者做了伤害它们的蠢事的人可要注意了！所有错误的行为，所有违背它们奇特道德的事情，都会带来毁灭性的灾难和忧伤。

照料得当的房子

一篇写作于1468年的谈论穷人的论文，描述了中世纪人们的一个习俗：准备一张放有丰盛菜肴的餐桌，把房子从上到下打扫干净，并保证仔细完成了所有的活儿。这细致的工作只有一个目的，让前来巡查的阿本德（Abonde）仙女以及陪同她的梅尔（Maire）仙女满意。这些仙女每年都会参观房子，品尝为她们准备的佳肴，但却不会去动它们，查看纺织的进度，看工具是否干净以及不同工程的进展情况。如果仙女对她们所看到的东西满意，她们会给最穷的人留下一些小礼物，并保证所有人都能获得丰收，拥有美丽、强壮而健康的孩子。人们看不见她们，却能找到她们来过的痕迹：动物的皮

不可或缺的供品

早在古希腊，为了保证能收获硕大而多汁的果实，人们会想办法让掌管季节的仙女赫瑞思（Hores）收到供品。在初春、初夏和初冬，人们会献给她们从果树上摘下的第一批收成。在巴伐利亚地区，人们会在前往牧场的奶牛角间捆上一篮草莓。这个礼物是送给艾尔夫精灵的，以期它们能保佑产出更多的牛奶。

根据传说，阿里婶婶是由女伯爵昂里埃特·德·蒙贝里阿尔（Henriette de Montbéliard，1387—1444）化身而成的。

毛上沾着蜡，它来自仙女们手上所拿的蜡烛。

在法国，弗朗什－孔泰地区（Franche-Comté）的人们用一枝槲寄生作为供品，献给好心的仙女阿里婶婶（tante Arie），而在上索恩省（Haute-Saône），敬献给会奖励乖孩子的托特维耶仙女（Trottes-Vieilles）的是一盘派派（paipai），即一种混有牛奶的甜麦糊。

争取恩惠

在世界各地，在不同的时期，人们总是想办法获得美丽仙女的恩惠。在北非，人们为她们献上散沫花和香水。在欧洲，年轻的姑娘和妇女们会制作漂亮的花环，并在整个神圣的5月里将它们挂在山楂树的枝头上。这些礼物都是献给仙女的，好让她们走近房屋，带来祝福，让家里充满欢乐，富足兴盛。她们守护着田地的肥沃以及母亲的多产。通常，等待着第一个孩子出生的年轻女性会面对着自

山羊阿玛尔忒亚（Almathée）的角，或者叫“丰收之角”，里面装满了水果和对富饶的承诺，它是对所收到的贡品的回应。

然精灵，或者它们所居住的山石及神木，默默地祷告。

对DAÏMON的妖魔化

教会占了上风

基督教将古希腊人用于描述所有精灵的 Daïmon 一词，来命名魔鬼撒旦手下的乌合之众，这并不只是一则无关紧要的逸事。教廷通过使用这个词汇，一口气否定了所有的仙女和精灵，把它们交到了驱魔师和宗教裁判所法官的手中。主教会议和教士会议所决定的教规，以及其他宗教命令，彻底驱逐了神圣的树林和居住在里面的各种生灵。宗教权威禁止在大树脚下、石柱前或是泉水边献祭品。除了简单而纯粹的禁止，教会还通过设立宗教形象和圣徒雕塑，掩埋了原本进行异教仪式的地方。在这些小教堂、山洞里和山楂树下，对圣母玛利亚的信仰代替了原本面向仙女的祈祷。

一件与钱有关的事情

圣埃洛瓦（Saint Éloi）坚定地与比利时的偶像崇拜做斗争，他曾经是金银匠、矿藏监督员、铸币总管，后来成为法兰克王国的财政部长，这些可能都不是偶然。毕竟，这种与仙女做斗争的宗教执着还隐藏着经济的原因，而这一切是有着历史渊源的。苏美尔英雄吉尔伽美什的功绩中就有杀死

地精（gnome）是一种矮人，它很会隐藏自己：你是否能找出它藏在这张图片中的什么地方。

从俾格米人到侏儒地精

古代的远行者发现了一些身材矮小的族群：非洲的俾格米人（Pygmée）、安达曼群岛（Andaman）的尼格利陀人（Négrito）等等。于是他们在加以润色后记录下了这些矮人的形象。这些描述最早可以追溯到公元前 8 世纪，它们后来发展成了传说，尤其是中世纪的动物寓言，丰富了那个时代的想象世界。

雪松森林的守护者胡姆巴巴（Humbaba）这一项，这使他得以砍伐雪松树。同样，古希腊人大量砍伐树木来修建船队，用以经商，并将之投入战争。古罗马人丝毫不懂得欣赏自然，却认为大自然是他们称霸事业的阻碍；森林自古以来就是自由的家园，古老信仰的守护者，应该以经济和政治之名征服她。要想摧毁森林，则先要将居住在里面的小神灵斩首。森林一旦失去了圣神的光环，她就变成了原料的产地，变成了单纯的木材。

恶毒的仙女！

曾经备受尊敬的宁芙女神，如今被赋予了阴森的魅惑女妖的形象。成为女巫或者女魔的她们，从此与魔鬼缔约。康沃尔（Cornouailles）为我们提供了这种联系的一个例子。在那里，白衣女子会递给人一枝马鞭草。如果那人接受了这个礼物，那么他将获得的成功与权力的年份与那枝条上叶片的数量一样多。然而，在他死后，他的灵魂将为魔鬼所有。从出版于 15 世纪的《女巫之槌》（*Maleus Maleficarum*）到布兰西（Plancy）在 19 世纪初写成的《地狱辞典》（*Dictionnaire infernal*），大量的作品将自然精神、怪兽与魔鬼混淆在一起。它们将民间想象带入了惧怕与惊恐的深渊，在长达数个世纪的时间里，湮没了之前那些精灵的形象。但原本就被人类敬畏的精灵，仍然充满善意地守护着备受崇拜的自然。

小心白衣女子和她们诱人的礼物：她们藏着可怕的计划。

替换儿带来的恐惧

被法翁拐走

过去女性会把她们身患残疾的婴儿放在里昂北部的栋博（Dombes）地区，以期法翁能把他们带回去。埃蒂安·德·波旁（Étienne de Bourbon）于1250年记录下来的这个风俗，见证了与替换儿（changelin）有关的民间信仰。很多故事都提到了这些被仙女替换的婴儿。拐走婴儿有几个原因：缓解近亲繁衍，让仙女之子能够受洗以摆脱自己的出身……仙女的后代能够被辨认出来，他们身体虚弱，患有残疾，或者脸上有褶皱。

无论如何都要让他们说话！

为了让仙女把被掳走的孩子还回来，就得让她们愿意领走自己的孩子。一种办法便是打这孩子，把他泡进水里或者将之丢弃给野兽。人们也会把他放在花楸树枝燃起的火堆之上，让他被浓烟呛死。第二种办法没有那么残忍，目的是让他承认自己实际上已经有很大年龄了。人们把蛋壳或者小罐子放在火炉上，让替换儿感到惊讶，他将会承认自己在漫长的一生中所见识过的各种东西，却从没见过那么多的小锅子。一旦他暴露了自己的真实身份，仙女就会前来把他带走，在这可怕的婴儿原来待的地方，放上之前被掳走的人类孩子。这种信仰根深蒂固，在欧洲各地导致了很多小生命的不幸丧生。

为了打这些替换儿，在不同的地区，人们所使用的木条是柳树、榛树做成的，金雀花甚至是用蓖麻的枝条做成的。

看见水妖（nixe），赶快拿一束牛至来保护自己，免受这种美貌却残忍的德国人鱼的侵扰。

把恶灵从屋里赶走

守护植物

为了破解仙女施下的魔法，保护自己的房子不受精灵恶作剧的侵扰，人们有着强大的武器，而其中很大部分来自大自然。据说一个非常有效的办法，便是在篱笆中或者屋前种上守护植物：根据不同的地区和信仰，守护植物可以是山楂树、花楸树或者接骨木。人们用千叶蓍草制成花环，挂在屋子和仓库的门上，以驱除邪灵。雏菊做成的腰带有着同样的功效，能够保护在乡间道路上跑跑跳跳的年轻姑娘。在整个苏格兰以及欧洲的很多地区，人们也用同样的方法保护牲畜棚里的牲畜，它们常常是艾尔夫精灵恶作剧的受害者。在牲畜棚入口处挂上花环，就能让艾尔夫精灵无法接近它们的受害者，免去总是发现牲口的尾巴或鬃毛绞在一起无法分开之苦。为了保护

好人、美人与折磨人

另一种避免惹怒仙女的办法，便是坚决不称呼她们的名字。过去，人们会用一种赎罪之词，也就是说选取一个能够激发精灵的好意，或者至少选取一个向她们表示尊敬的词。“美丽的女子”“好妇人”“善良一族”“好邻居”等这一类用语的真实意义便在于此，而不是说她们一定美丽而善良！

要想阻止阿尔卑斯山的凡塔斯迪（Fantasti）精灵潜入阁楼，没有什么比在地板上撒上几把谷粒更有效的了。在布列塔尼地区，人们撒的是亚麻籽。

自己的孩子不被掳走，在摇篮内放入例如槲寄生一类的守护植物，是最有效的方法之一。

能帮大忙的谷粒

如果一个小精灵习惯每天晚上来你家弄翻物品，偷走食物或者掐熟睡者的屁股，那么将它赶走的最好的方法就是，让它整个晚上都忙于数数。为了达到这个目的，可以选择灰烬，它对奥弗涅地区的苏涂（Tsoutu）精灵十分有效。把灰烬撒在地上，精灵就会清点它们直到天亮，将时间浪费在这无聊的活动中。而这样做，免得让婴儿窒息或者让人做噩梦，同时，也令精灵感到失望，逃跑后便永远不再回来。同样是在奥弗涅地区，人们利用德拉克（Drac）精灵数点物品的嗜好，在房间的角落里撒上亚麻籽，意图摆脱它带来的麻烦。当它无法控制自己将一切都数点清楚并做登记时，在这个无比枯燥乏味的工作面前，它就会退缩，人们因此可以避免很多烦恼。在努瓦尔山（Montagne noire），小精灵面临着同样的抉择，不过这次是黍子的籽实，它们被撒在了牲口棚的木板上。而精灵在比利牛斯山巴斯克地区的亲戚，面对的则是一堆小扁豆。在莫尔比昂省（Morbihan），人们把高粱米放入一个容器中，捣蛋的科里甘（Korrigan）精灵一定会碰倒它，然后再一颗一颗地捡起地上的高粱米，不过在

混合在一起效果更好！

在科西嘉，弗雷图（Fullettu）以它那些不受欢迎的恶作剧闻名。这种精灵一只手是铁铸的，另一只手是大麻制成的。它一旦入住你家，就很难再赶走它，而它带来的破坏则很快会让人难以忍受。不过，如果想让它走，有一个窍门。你需要准备一袋麦子，一袋燕麦或是米或是大麦，将这些谷粒倒在地上并混合在一起，然后只需要命令这个疯疯癫癫的家伙将谷粒分类即可。它不得不照办。这项艰巨的任务完成之后，人们立刻就再也见不到它啦！

公鸡的第一声鸣叫前，如果它无法完成这个繁重的任务，自己便会永远离开。在布列塔尼，人们还会在锁里放入磨碎的亚麻粉。要记住，谷粒越细小，精灵就会越早厌倦这工作，你就能尽快打发走这些讨厌的家伙。灰烬还有另外一种使用的方法，它对赶走这些不受欢迎的生灵同样十分有效。把它撒在地上，第二天清晨，就能显现出阿尔萨斯小精灵留下的脚印，它们和鹅脚掌一样。而这些小生灵讨厌人们发现它们作为动物的本性，因此十分气恼，它们的反应直截了当：立刻消失。

有效的汤剂

在弗拉芒地区，人们至今还认为将鼠尾草浸泡在一碗冒烟的热牛奶中，能赶走可怕的阿拉比（Arrabi）。这种生灵会在12月初到主显节之间的那六个阴暗的星期里出现。如果没有这种汤剂，讨厌的阿拉比会让啤酒、葡萄酒或是牛奶变质，还会设法堵住烟囱，让房子里充满黑烟而使人无法呼吸。

一个温和的夏夜

莎士比亚与仙女同呼吸

信仰斗争将仙女湮没在黑暗之中，而逐渐把她们从中解救出来的则是莎士比亚丰富的想象力。这位机智的剧作家从当时的民俗中汲取灵感，对仙女世界产生了深远的影响。他在《罗密欧与朱丽叶》中描写了麦布（Mab）女王，更在《仲夏夜之梦》以及《暴风雨》中将大量篇幅献给了仙女的世界，他对后世描画仙女世界的影响极

豆花（Fleur-des-Pois）和芥子（Grain-de-Moutarde）是《仲夏夜之梦》里面的两位人物，他们的名字显示了精灵无所不在的特性。

大，尤其是他缩小了精灵们的身材，因此也使它们所代表的危害得以削弱。

维多利亚时代画家的飞跃

莎士比亚的印记影响了后来的数个世纪，甚至在很大程度上为19世纪诞生的一个艺术流派——精灵画（Fairy painting）——提供了灵感。这个流派与拉斐尔前派（préraphaélisme）同时代，同样喜爱细腻的想象、浪漫主义和表现神话人物。在维多利亚女王的统治时期，大量的动荡引起了一系列反应。占主导地位的清教促使人们通过古代题材和精灵故事来表现情爱。工业和科学的发展以及初生的摄影技术，让人看到了阴郁的社会现实，因此那些富有创造力的精神纷纷躲入了想象的世界。19世纪，尤其是40年代至70年代，充满了关于精灵的画作，它们出自例如理查德·达德（Richard Dadd）、约瑟夫·佩顿（Joseph Paton）、理查德·多伊尔（Richard Doyle）、约翰·恩斯特·菲茨杰拉德（John Anster Fitzgerald）等人之手。这些精灵形象的爆发和对它们的热衷，解释了为什么时至今日，盎格鲁–撒克逊国家仍然保持着对精灵文化的兴趣。维多利亚时期的画作表现了精灵们身处植物丛中，在花坛中央或者漫步于枝头，充分显示了其与自然的关系。

“戴安娜之纽扣”，即穗花牡荆（Vitex agnus-castus），能够缓解过于旺盛的欲望，将泰坦妮娅从她所受的魔法中解救出来。

孩子的世纪

19 世纪末还出现了一种新的文学体裁：青少年文学。印刷技术的进步使得人们可以出版有彩色插画和装饰豪华的书籍。亚瑟·拉克姆（Arthur Rackham）、约翰·鲍尔（John Bauer）、埃德蒙·杜拉克（Edmond Dulac）、罗宾逊（Robinson）兄弟以及凯·尼尔森（Kay Nielsen），这些名字让好几代的孩子都期待不已。他们的作品确立了儿童故事中的仙女和小精灵的形象，而舍弃了它们在民俗传统中带有其他色彩的形象。这种带有天真可爱色彩的欣赏之情，以精灵节庆或演唱会的形式延续到今日：成千上万的爱好者打扮成艾尔夫精灵或是法翁的模样，欢度与我们所在世界不同的时光。

小叮当仙女的统治

彼得·潘（Peter Pan）与孩子们的梦

詹姆斯·马修·巴利（James Matthew Barrie）于 1902 年在《白色小鸟》（*Le Petit Oiseau blanc*）一书中创造了不想长大的孩子这一人物。随后，彼得·潘成了以他命名的戏剧作品中的主人公，该剧获得了巨大成功并被改编为小说。最早，这位以自然之神命名的小男孩，穿着由枯树叶为材料，用植物汁液粘成的衣服，这表明了他与植物世界的密切联系。故事围绕着拒绝长大、拒绝成熟和死亡而展开。与童话故事一道，对童年的赞美也使得精灵融入了我们这个时代独一无二的属于儿童的想象世界。顺便值得一提的是，小叮当也诞生自这位苏格兰作家的剧作。

不愿长大的孩子并不是只有一位。我们每个人心中都有这样微妙的情感。

迪士尼的亮片

1953 年，迪士尼将小叮当和彼得·潘搬上了荧幕，赋予了后者尖尖的耳朵，即艾尔夫精灵的模样。在此之前，迪士尼在 1937 年给我们带来过滑稽和胖乎乎的七个小矮人，在 1940 年创造了《匹诺曹》里的蓝仙女，以及 1950 年《灰姑娘》里善良却粗心大意的仙女教母。通过使仙女和小精灵形象化，迪士尼将这些有数千年历史并多种多样的精灵形象统一成了友好可爱的样子。另外，小叮当仙女更因 21 世纪 10 年代“迪士尼童话特约经销商”的发展而再次获得成功，彻底完善了 Tinker Bell 的可爱形象，并让她变成了金发。值得注意的是，她是一位自然仙女，非常环保，符合流行时尚。小叮当从此成为迪士尼的标志性人物，现在小女孩的宠儿，出现在动画片、玩偶、着色书和电子游戏中。

从戏剧到电影，还有洛伊塞尔（Loisel）的连环画，彼得·潘影响了数代人。

仙女与植物

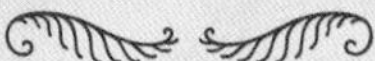

精灵世界和植物世界之间的联系是多种多样的。仙女、艾尔夫精灵和小精灵们与自然紧密相连，爱护自然，并从中获取它们的食物和衣物。传说故事告诉了我们一些植物诞生的秘密，或者其与精灵有关的本质，两者间的联系就更为明显了。

仙女草

来自仙女

很多植物的诞生或是某个特性都与仙女有关。比如，在上比利牛斯省，人们都说巴鲁斯（Barousse）山谷的紫罗兰诞生自布朗克特（Blanquette）仙女的脚下。在罗马尼亚，关于紫罗兰诞生的故事非常悲伤。皇帝的家中新添了一位可爱的小女孩。按照传统，掌管命运的仙女俯下身体祝福摇篮里的婴儿，而她如此美丽，仙女们便送给了她花朵的爱。女孩长大了，她十分喜爱鲜艳的花朵，它们纷纷在她走过的时候开放，让她沉浸在醉人的芳香中。仙女们看到女孩和花儿之间越来越强的纽带而感到十分高兴，决定在她 12 岁的时候

像尤利西斯一样幸运就好了

这位古希腊英雄和他的同伴们吃了一种遗忘草。他们在到达杰尔巴岛（Djerba）之后，遇到了洛陀法基（Lotophage），即食莲人。这种“蜜之果实”能让食用者进入一种放空而无忧的状态。人们认为《奥德赛》中提到的这种神秘的树木是枣树或是椰枣树。它们可能就是我们的忘忧草的祖先……

将她带走。对于皇帝夫妇来说，这个消息是绝对的灾难，他们想尽办法阻止仙女拐走自己的孩子。然而，在女孩满 12 岁那天，她还是被掳走了，并变成了一朵极其美丽的紫罗兰。

在阿尔卑斯山，人们给一位仙女喝了葡萄酒，她变得十分高兴，问这神奇的饮料是什么。可怜的葡萄酒酿造者害怕仙女因自己被灌醉而愤怒，继而迁怒于葡萄酒和葡萄园，便回答说是树莓。仙女为了奖励能产出如此美味果汁的植物，赋予了它神奇的能力：只要接触到地面，树莓便能生根。从此，到处都生长着树莓——可惜不是葡萄树。

一天，布列塔尼的一位裁缝与魔鬼结下契约。他在未来的十年间将享尽一切荣华富贵。十年后，魔鬼会去取走他的灵魂，除非他能向魔鬼展示出后者无法辨认的极为精妙的针线活。他们签署了契约。裁缝享受了十年的财富。快到期满之日，肥胖的裁缝开始害怕了。他到处寻找最好的针线活，花了大量钱财让世界上最

LÉGENDE :
Le jour du mariage,
Il est un vieil usage :
Il faut pour être bien mariés,
Sous l'arbre être tous deux passés.
Qui le premier passera
Toujours le maître sera.
G. JACQUIOT.

LUCHEUX (Somme)
L'Arbre aux Épousailles
(Printemps)

Cet arbre est un vieux tilleul dont le tronc est creux
ce qui forme une sorte de voûte sous laquelle on peut passer
G. JACQUIOT.

这种中空的植物中间一定住着精灵。在许下诺言之前，还是尽量利用“婚姻树”让机会都在自己这边为好（图片上记录了一个传说：“有个古老的习俗，在婚礼之日，要想婚姻幸福，两位新人都得穿过这棵椴树，第一个穿过的人将永远都是主人。”——译注）。

玩弄阴谋的石松

大海女神芳（Fand）同时也被视作仙女中的女王。她统治着彼岸世界，与英雄库丘林（Cuchulainn）相遇了。他们的恋情对两个世界而言都代表着危险，因此德鲁伊教祭司让这位凯尔特英雄服下了一种能让人遗忘的汤剂。汤剂配料中含有云松，这种植物为巫师所熟知。人们可以从中提取一种可燃的萝卜硫素。

伟大的工匠和最灵巧的裁缝为他提供最精致的作品。哎，可是他总能看出针脚。如果他作为凡夫俗子都能看出来，那么眼光如同残忍程度一样锐利的魔鬼就更能一眼看穿了。绝望之下，他向仙女求助。她们接受了挑战，选取了五片草，用极其细致的方式把它们缝在一起，丝毫不露线的痕迹。魔鬼将作品反复观看，咒骂着裁缝，最终还是留下了他的灵魂和财富。于是，裁缝被仙女救了下来，也由此诞生了五叶草，也就是车前草。

若是踩在迷失草上，你就会一直游荡下去。唯一对抗这种霉运的良药便是四叶重楼（Paris quadrifolia L.）这种树林中不起眼的小植物。

Tafel 45.

Einbeere, Paris quadrifolia.

忘记与迷乱

精灵世界存在着一些禁忌，任何违反它的人都会不可避免地遭受惩罚。通常，这种惩罚是以遗忘或者突然的迷失的形式出现的。在英国萨默塞特（Somerset），人们都知道桤树林是仙女的领地。晚上闯入桤树林就等于让自己从世界上永远消失。也许是进入了精灵的世界？或者只是变得肉眼不可见？就像布列塔尼的金草（aour-yeoten）一样，人们能在很远处看到它在

遗忘与科里甘精灵

在布列塔尼地区，人们至今仍把吉尔格雷草（jilgré）视作遗忘草。不过这一次，仙女们不是让人遗忘的原因所在。吉尔格雷草即一种曼陀罗花，食用它的种子会导致幻觉。总之，吃了或者踩在了遗忘草上的布列塔尼人，可能会被科里甘矮人带走，他会进入它们组成的圆圈跳舞，直到精疲力竭。他的尸体会被遗弃在田边，在清晨他被人们发现。

布列塔尼人口中的吉尔格雷草，是一种具有强烈致幻性的曼陀罗花。只需要吃下几颗种子，你就能看到仙女无处不在。

原野中间闪闪发光，但是一旦走近，它便会突然消失。然而，能触碰到金草的人可以随时用它将自己隐身，或者发现隐藏的宝藏。同样的遭遇会降临到被蓝铃花那鲜艳的蓝色所吸引的孩子身上。在山毛榉林下的蓝铃花丛中打滚是多么诱人的事情，但是却很危险！那里是仙女的地盘，她们会立即让孩子们晕头转向，找不到回家的路。

这些住着小精灵的仙女草无处不在，例如阿利奥塔奴草（Ariotanou）。诺曼底人把它叫作 egaire，汝拉省（Jura）的人将它称作“让人迷失的草”（herbe-qui-egare），在贝里（Berry），它是 engaire，在圣通日（Saintonge）则叫作“晕头转向草”（herbe des tournes）。在德国，在那些传说居住着艾尔夫精灵的小道上散步的人提防的是伊克劳特草（Irkraut）。在俄罗斯，人们害怕扎布特克草（zabutko）。一个小女孩在吃了扎布特克草以后，从仙女那里获得了听懂植物歌声的能力。她唯一不能做的事，是不能高声说出扎布特克草的名字，否则便会失去记忆。很明显，她没有遵守规则。

最后，让我们讲讲这位善良的阿尔萨斯男孩的故事。他在奥贝尔莫德尔纳（Obermodern）的森林里，踩到了一棵迷路草，被仙女掳走了。她们向他展示了各种奇迹。回到家后，男孩只想做一件事：回到另一个世界。哎，残忍的仙女不允许我们这些可怜的人类再次体验这奇妙美满的经历。男孩周

谁能想到，美丽的紫罗兰掩藏了如此多的关于仙女的秘密。

在欧鼠李之下

昆虫非常喜欢欧鼠李，小精灵也是如此。在英国，人们相信，如果在欧鼠李生长的地方画一个圆圈，并且在满月时在圆圈内跳舞，这时小精灵就会出现。这种法术让它不得不满足你的愿望。不过要注意的是，你只能许下一个愿望，所以一定要选好了！所以说，不是所有的圆圈都是不好的。

围的人都知道这一点。他的母亲提醒他，他的未婚妻为他采了一株迷迭香，别在他的衣服上以保护他。这一切都没有用。男孩的固执使他最后发疯了。在让他迷失道路之后，仙女又让他丧失了理智！

伍尔皮特的绿孩子

在英国萨福克郡（Suffolk）的伍尔皮特（Woolpit）附近，12 世纪时人们抓住了两名绿色皮肤的孩子。他们用人们听不懂的语言交流，并且只吃菜豆。在被洗礼后，男孩很快就去世了，但是女孩活了下来，她的皮肤不再是绿色的，但她保留了奇怪的习惯。

其他魔法植物

还有一些植物也与艾尔夫精灵和小精灵有关。比如，臭嚏根草和贯叶连翘都被俗称为“仙女草”（herbe aux fées），薰衣草也被叫作“艾尔夫草”（herbe aux elfes）。在葡萄牙，迷迭香是献给仙女的，而在荷兰，它又被称作 elfenblad，即“艾尔夫叶”。人们认为艾尔夫精灵在迷迭香的脚下召开它们的秘密会议。说到秘密，比利牛斯山的阿德（Hade）小心翼翼地守护着关于桤木力量的秘密。在赫布里底群岛（Hébrides），人们相信小精灵们会在暴风雨的夜晚骑在新疆千里光的根上，从一个岛到另一个岛。为了惩罚掳走了一位小女孩的仙女，英国一个村庄的居民烧毁了他们田间所有的千里光以作为报复。要知道在爱尔兰，如若用千里光、香杨梅或冬青树枝这三种属于仙女的植物来鞭打奶牛，它便会尿血，它的生命也会受到威胁。

饮料方面

精灵在发明饮料或者一口气喝完饮料这方面，总是有它的一套方法！比如在爱尔兰，戴着毛地黄花帽子的舍弗洛（Shefro）精灵会跑进地窖，喝光最好的波尔图甜葡萄酒或马德拉葡萄酒。苏格兰的布朗尼（Brownie）精灵是威士忌领域的专家。一些带有植物香料的葡萄酒都与仙女有关，比如含有车轴草（香猪殃殃）的五月酒——它也叫作 maitrank。

与精灵有关的风俗习惯

我们来跳圆圈舞

当人们在草地或是树木的边缘，看到比周围更肥或更瘦的草组成类似圆圈的形状时，会说这是仙女、艾尔夫精灵或是小精灵的圆圈。根据传说，这些圆圈会在精灵们在月下跳舞的地方诞生。撞见这样的聚会可不是什么好事，它们会把你拉进舞队，直到你精疲力竭而亡。要想逃过噩运，你可以马上脱下衣服，并反着穿上，或者脱下鞋子，把左脚的鞋穿到右脚上，把右脚的鞋穿到左脚上。将一把尖刀的刀柄插进土里，刀尖朝上，也一样管用。踩到椴树下精灵圆圈的草，会让人生病甚至死亡。人们也会在欧洲红豆杉树下发现这种圆圈，任何闯进去的人，便会一直跳舞，持续一年零一天。在这之后，只有拿着一根花楸树的树枝的人，才能把这位不幸的舞者解救出来。要注意的是，除了在圣树下和草地上，小精灵还喜欢在其他地方跳圆圈舞。比如孚日山脉的索特雷（Sotré）精灵，会在农场边的粪肥上疯狂地跳圆圈舞。

为了起泡泡

人们害怕在洗衣池碰到洗衣仙子拉婉迪爱尔（Lavandière），但对美丽的米洛兰纳（Milloraine）的态度就不一样了，后者会用千叶蓍草把衣服洗得洁白无瑕。小精灵会利用清澈的水让肥皂草产生泡泡。宁芙女神和水精也知道这种用法，她们的头发永远完美并散发着醉人的香气。

从中空的树到银铸的宫殿

众所周知，精灵住在所有形态扭曲的树木或不寻常的树木，以及灌木丛中，这些植物的形态的诞生明确地展示了它们超自然的出

在日本，克鲁波克鲁（Koropokkuru）精灵住在蜂斗菜的叶片下。在法国，小精灵似乎也喜欢大型叶片——例如款冬叶和蜀葵叶——那具有保护性的阴影。

身。比如田野中孤零零的一棵小矮树，或者一丛茂盛的岩蔷薇、榛树、匍匐雪松，或者因年岁高而中空的树木，它们都是准确的标记。为了不要伤害或冒犯这些生灵，人们会绕道而行，农夫会避开这块土地而不用犁铧耕作。有些传闻提到，人们将卵石扔进一片灌木丛后，它便会响起音乐，还有些提到一种刺，如果有人不听劝阻而用小截枝刀割它，它会置人于死地。仙女会在树洞里休息，等夜幕降临后便出来跳舞。而艾尔夫精灵则会在百岁以上的古树根下忙忙碌碌。在神圣的树林下，有着闪闪发光的宫殿，在那里，精灵所居住的房间里放满了长有一层苔藓的微型家具和用忍冬制成的华盖。

小精灵的食谱

给精灵的贡品可以让我们知道很多关于它们所喜爱的美味的信息：蜂蜜、牛奶、饼干、面包。最野性的精灵对一些生肉也并不抗拒，不过大多数生活在森林里的精灵满足于浆果和树根。比如马达加斯加的瓦辛巴（Vazimba）精灵食用生鱼、蜂蜜、树根、香蕉和椰果；葡萄牙法鲁（Algarve）的贾恩（Jan）精灵会收到摆放在炉子灰烬

不适宜的采摘

要想制作美丽的花冠放在家里，尤其要避免草甸碎米荠和蝇子草，因为仙女们特别在意这些花朵，采摘它就是冒犯她们。繁缕也受仙女的保护，采摘它就会激怒她们。她们会让你在沼泽地迷路，或者晚上来掐你。你现在知道啦！

就像生命一样，仙女从水中诞生，为自然和植物效劳。

里的亚麻和饼；阿尔萨斯地区曼斯泰（Munster）河谷的比尔曼奈勒（Beeremanneler）精灵非常喜欢蓝莓，因此它们的皮肤泛着蓝色；而皮里维晶（Pillywiggin）精灵则喜爱喝花蜜。再补充一点，小精灵还喜欢蕨麻根，当然还有各种坚果。

艾尔夫精灵的时装展

仙女们以精湛的缝纫技术著称，如果不会缝纫的话，她们很乐意借走人们晾晒的衣物。除了小精灵打扮自己时必不可少的青苔，她们在制作衣服时，首选具有净化功能的亚麻。亚麻那小小的铃铛花还能演奏轻柔的音乐。那音乐十分微弱，人类的耳朵是听不到的。为了保护它们的双手，精灵们自然都戴着露指手套。很多植物都有“仙女手套”的俗称，比如宽叶风铃草，或是仙子毛地黄。并且，所有的钟状花都可以被它们当作帽子使用。玛格仙女（Margot-la-fée）用卷心菜叶子给自己做美丽的短裙，传说找到其中一片叶子能带来好运。仙女们还会用金雀花做成毛巾来包裹新生儿，让她们不受外界侵扰。

K·J·ERBEN:
BÁJE A POVĚSTI SLOVANSKÉ
Nákladem A. HYNKA, knéhkupce v Praze.

水精美丽长发的秘密，肥皂草。

自然的守护者

在众多精灵的这个世界里，会有一些用心来保护它们领地和庇护它们的植物。这些精灵会利用它们的能力或者身体的特长赶走入侵者，用利爪或尖牙追赶那些不怀好意的人。它们对自己所要保护的对象倾注了全部的注意力，会毫不吝惜地为那些被踩踏的花朵或是受伤的树木提供必要的照料。

在树枝下

爱情树

故事发生在日本。一位樵夫在森林深处遇到一名女子，她是如此美丽而神秘，樵夫立刻将她带回村中并娶她为妻。她为他生下一子，孩子高大而强壮，成年后接替了父

棒树或者雏菊，花朵、小灌木、树木或者果实，每一种植物都有守护它的精灵。

菲木

14 世纪的英文诗歌《众树之役》（*Cad Goddeu*）描述了林木之间的大战。《指环王》中树人（Ent）之间的战役，便是从中吸取的灵感。托尔金笔下的巨大树人，因其所属种类的不同，而有不同的样貌。一些传说中还提到了可以活动甚至可以移动的树木。一些树木因其高龄，或者其独特的长相，或者其与仙女有关的故事而成为精灵族的一员。它们都被叫作菲木（Arbres-Fays）。

亲的工作。一天，年轻的樵夫来到林中，发现了一株古木，决定将它砍断。尽管他感到了一种奇怪的不安，树干也渗出血来，但斧头还是完成了它的工作。回到村子后，他惊讶地发现母亲死了。他的母亲其实是一个柯达玛（Kodama），即木灵。能寄托木灵的树木有好几种，例如橡树、栗树、柳树、冷杉、柏树，更多情况下是樱树。

森林里的宁芙女神

所有在树林里舞蹈的仙女的祖先，都是保护圣木的宁芙女神。大家都知道与橡树为一体的哈玛德律阿得斯（Hamadryade）。其他的树木也有它们的宁芙女神。卡律埃缇得斯（Caryatide）在胡桃木脚下微笑，赫利阿得

不是说碰上一个穿绿衣服的小家伙，就一定是碰上了“绿人”，当心冒牌货。

森林中百岁的古木里一定住着仙女！

斯（Héliade）为杨树哭泣，希里奥瑞斯（Hyléore）在冷杉下熠熠生辉，梅里阿得斯（Méliade）在白蜡树的树荫下低声吟唱。一些森林的仙女便是这些美丽的生灵的后代，比如汝拉山脉中的绿衣女郎，或者庇卡底（Picardie）的色莱特（Sœurette）。

闹鬼的树林

美貌也好，不羁也罢，仙女自然不是关心树木命运的唯一生灵。大量的艾尔夫精灵和小精灵生活在森林中。比如阿登地区的人们认识一种努桐精灵，它们是守护森林植物的小地精，并且它们为人类提供很多服务，例如修补鞋子或者工具。在贝里生活着卡瑟（Casseu）精灵。即使看不见它，人们也能听到它撞到树上时发出的特有声音。人类无论如何也要避开这些树。不听警告、执意砍伐卡瑟所保护的树木的樵夫，会遭遇不幸！乔治·桑（George Sand）在她的《乡间传奇》（*Légendes rustiques*）中提到了卡瑟精灵，并提到人们也把它称作库佩（Coupeu），它经常会给守林人惹出麻烦。守林人听到它撞击树木的声音，以为是逮到了偷木头的人，急匆匆地跑过去，却发现一个人都没有。更令人惊奇的是，被撞的树木上没有留下任何痕迹。

我们散步的时候总想去那些住着无害的小仙女的树林。约翰·鲍尔所绘《精灵公主》（*The Fairy Princes*，1905）。

在果园与花园中

不要逾越界限

在古罗马，豪华宅邸的花园里四个角落都设有祭坛，以标明府邸的边界。这些祭坛是献给森林的保护神西尔瓦努斯（Sylvanus）的。因此，人们所居住的领地与自然森林是对立的，这两个世界之间有着明显的边界。取得邻近的森林之神的青睐，便能获准占有这片土地。随着时光的流逝，西尔瓦努斯神变成了众多的西尔万（sylvain）精灵，它们是灌木丛和树篱的精灵，后来成了花园的保护者。

有很多精灵都经历过与西尔万精灵一样的道路，来到了我们宁静的花园。在此不得不提及德国的霍耶曼内尔（Hojemaennel）精灵，据说是它们制造了草坪上的怪圈。

花园中的矮人

有一种说法，这些装饰着我们小花园的小矮人与古罗马花园的保护神西尔万精灵是密切联系在一起的。不过还有另一种说法，这些胖乎乎、因推动装满花朵的独轮手推车而涨红脸蛋的地精，可能与中世纪矿场雇用的侏儒有关。随着时间的流逝，侏儒的形象逐渐演变成了守护矿工的精灵。至于在花园里放置小矮人雕塑的风尚，它源自德国和瑞士，从 18 世纪开始逐渐流行起来。

花仙子

如果我们相信传奇故事的话，就会发现很多仙女都对花圃关爱有加。弗洛拉勒（Florale）

水果、蔬菜、花朵……向仙女祈祷可以保证你的篮子装得满满的。

或者说弗洛拉列尔（Floralière）守护着花朵的开放和授粉，指引着旱金莲和泻根的卷须，在暮色降临之后安睡于闭合的花冠之中。身材最小的仙女，即英国的皮里维晶仙女是她们的表亲，所司的职责也与她们相似。并且，英国人认为花仙子十分重要。英国的插画家西西莉·玛丽·巴克（Cicely Mary Barker），痴迷于描绘这些保护花朵的小生灵就不足为怪了。西西莉·玛丽·巴克的画作在全世界展出，散布开了这些小小少女的形象，她们热衷于在玫瑰、郁金香、报春花和花园里其他的植物旁边嬉笑玩耍。

你不要越过我们的树篱！

仙女和小精灵常去的一处地方便是树篱。在瑞典，人们会在树篱边放上贡品，献给乔巴恩（Jordbarn），即“地生之物”，以此祈求它们保佑孩子免遭恶灵引起的高烧的侵扰。在房子旁边的护屋树丛中，居住着好战的杜兹（Duse）和孩子们的好朋友哈耶特（Hayette）。在日本，库内尤慈利（Kuneyusuri）生活在年老的树篱中，一旦有人闯入，它就会使劲地摇晃树篱。

它们的领地是果园

精灵特别关注果树。杜省（Doubs）麦西耶尔诺特达姆（Maisières-Notre-Dame）的居民经常会看到绿衣女郎在果园里漫

西西莉·玛丽·巴克为我们带来了很多描绘这些小生灵的画作。比如这里表现的是野苹果仙子。

步，而在汝拉省，有一棵古老的梨树，树下站着一位仙女，她会击打树干，但却从不让它受伤。

阿维德·戈吉（Awd Goggie）保护果实不被窃贼偷走，小马精（Colt-Pixy）和懒汉劳伦斯（Lazy Laurence）会变成小马匹的样子驱赶偷果贼。鹅莓夫人（Gooseberry wife）则会严密地看护鹅莓（欧洲醋栗）。

在田野与农田之中

令人害怕的值守者

波列维克（Polevik）是波兰最有名的精灵，它与它所保护的植物一同长大。它的肤色如土壤一般黑，头发也像干枯的草一样，这让它几乎不能被人类察觉。它只在一天中最热的时候或者是在深夜出现。这是一件幸运的事情，因为它最大的怪癖就是让人在田间迷路，或者放出它的那些总爱追逐新猎物的孩子。在德国，科恩维斯（Kornweiss）是守护玉米地的精灵，并且它们会坚持不懈地追赶偷穗子的人。作为母亲都很害怕这种精灵，因为科恩维斯精灵会让孩子发高烧。在荷兰也有一种类似的精灵，它被称作朗格·乌弗（Lange Vrouw），也同样对玉米地情有独钟。

珍贵的帮助

赫瑞思仙女比较友善。在成为城市神灵之前，她们曾经是被古希腊农民敬拜的田野之神。她们头上戴着花冠，手臂上挂满果实，为敬拜她们的人带去丰收。她们的一个属性与仙女有关：她们有时候

珀鲁尼卡仙女

暴露在正午的阳光下是危险的，不过，这并不是这个时刻所能带来的唯一危险。在田地里采摘矢车菊、虞美人和其他那些生长在田里的植物的孩子，很可能会碰上珀鲁尼卡（Poludnica）仙女。她可能会幻化成年轻女子、老年妇女或者 12 岁小女孩的形象，毫不犹豫地把这些冒失的孩子带到她的世界里去。

长着蝴蝶的翅膀！亚利桑那州（Arizona）的一些印第安人部落，会在例如“菜豆舞蹈”的仪式中表现卡其纳（Kachina），卡其纳是保护收成的精灵。卡其纳往往被制作成小玩偶，它们是霍皮族（Hopi）或是祖尼族（Zuñi）的孩童最早认识的精灵。在法国，许多民间传说都在讲述数十个甚至数百个小精灵突然冒出来，帮助一位可怜的农夫的故事。一片田地只因为有太多石块而不能耕种，呵，仅仅一个晚上，哪怕是最小的石块，小精灵都能使它消失了！小精灵只需要同样的时间，就能完成耕田、播种和收割最嫩的麦子，让求助的农夫变得十分富有。

尊重土地和神圣的植物

要想获得田野里精灵的帮助，至少要遵守两条规则。第一条规则是，不要忘记了精灵的份额。它们没有密集耕种的概念，所以人们要注意，不要把田间里的麦穗收割干净，适当留下一些种子，任其成熟，作为给精灵的供品，向它们表示感谢。第二条规则是，不要为了增加几平方米的空间就填埋水塘，砍伐树篱，拔除山楂树或其他为精灵提供居所的灌木丛、矮树和树木。遵守指令，并且时常在田边放一些饼或者甜食的人，将会得到丰厚的回报。白慕希（Blanc Moussî）、科恩博科（Kornböcke）、比尔维茨（Bilwiz）和其他的田间小精灵会保护人类的收成，赶走入侵者，并在需要时提供帮助。

美丽的花朵，鸟儿的歌唱，这些都能让艾尔夫精灵微微一笑。

守护者与破坏者

哎，守护者的所有出色工作都经常受到其他生灵的威胁，后者不在意自己住所的舒适，任由它们的野蛮之气表达出来。只有完全理解了精灵的本性，才能帮助我们接受它们狡猾的性格。

小偷

有些精灵表现出偷人钱财的缺点。它们不择手段，从锁眼、烟囱潜入人家里，偷走挂在铁钩上和锅子里的食物，或者直接吮吸奶牛的乳头，直到这只倒霉的牲畜变得十分瘦弱。在上阿尔卑斯省，沃拉斯（Vorace）精灵会跑进果园或者地窖，偷走苹果或其他食物。意大利的古里乌斯（Guriùz）会下山糟蹋农田，把菜园洗劫一空。

反复无常的精灵

仙女和小精灵会主动帮助农夫，但我们的这些小朋友却十分任性，稍有不愉快，一切都可能失去控制。只要有一天忘记了给布列塔尼的科里甘精灵献荞麦可丽饼，它们就会消失。如果送给它们其他东西，它们则会生气。一声埋怨，或者一个被曲解的词，便会带来灾难。比利时高梅（Gaume）地区的一位农夫向仙女指出她干活很慢，

小心反复无常的精灵，尤其是如果它们喜欢玩火柴：不止一处谷仓，因为它们的恶意而化为灰烬。

洞穴巨人笨手笨脚、局促不安，会无意间给森林或田地带来损害。人们都原谅了它们。

于是，她让自己的速度加快了三倍，不过是为了摧毁农夫！很多粮仓，仅仅因为人们说了一句不合时宜的话，就被精灵放火烧了。所以，不要太相信它们……

毁灭精灵

这些可怕的精灵是造成损害的罪魁祸首。博斯（Beauce）地区的库尔提列（Courtillier）精灵吹口气就能使谷物、花朵和树木干枯。在朗德省（Landes），布朗达克斯（Brandhax）精灵摇晃它们火焰形状的头发，以点燃干草垛，而在都兰（Touraine），用坎坦布裹脚的仙女（fée au Pied Quintin）则一瘸一拐地从一个草垛跑到另一个草垛，用火焚烧尽净。暴风雨（Tempestaire）精灵却是控制风和雨的能手，它们的能量足以损害所有的收成。在马达加斯加，安嘎朗珀纳（Angalampona）精灵会在生气的时候用冰雹砸毁稻田。巴斯克地区的艾罗（Erot）精灵同样具有破坏力，不但会制造冰雹，还会引发大风和暴雨。

马尔特（Marte）

摧毁人类收成的方式有成千上万种。其中一种很简单，就是阻止他们播种。贝里的马尔特精灵用十分卑鄙的方式攻击农民。想象一下，在耕作时，可怜的农夫看到突然出现的“泼妇”，她们身形巨大，下垂的胸脯被扔在后背上。这些怪兽抓住农夫，对他们大吼：“来吮吸啊，农民，来吮吸啊！”之后可怕的局面就不用再描述了。倒霉的人从这种境遇逃脱时已然精疲力竭，丢下的是身后没有播种的田地。

如何把仙女吸引到自己的花园里

谁不梦想自己的花园里住着调皮而滑稽的小生灵，或者是能给自己的绿色小世界带来更多惬意的温柔姑娘？在家中迎接精灵并非难事。选择正确的植物，表现得通情达理，撒上让它们感兴趣的东西，这些便是让你的花园变成精灵国度的基本规则。

精心设计的树篱

第一个要做的事情就是在自己的领地周围种上茂盛而多样的树篱，既要有带刺的灌木丛，也要有盛产浆果的小矮树。一棵花楸树、一棵接骨木、一棵榛树……醋栗、云杉、犬蔷薇……不管怎样组合，只要有能驱赶恶灵和吸引善良而嘴馋的精灵的东西就行。要避免单一的一排冷杉或是崖柏：仙女们讨厌它们。

有魔法的绿色小岛

比照着诗人所熟识的魔法岛屿，创建一个花岛吧，让它围绕着一棵与精灵世界密切相关的树。这本书里面不缺乏例子。不过我们

为了吸引和留下善良的小精灵，记着给它们献上蜂蜜和富含奶油的牛奶：它们都很贪吃。

献给仙女的祭坛

在你的花园一角，或者在阳台上搁置一块扁平的石头或是树桩吧。每天早晨或黄昏，在上面摆上几枝欧石楠、一块小小的蜂蜜面包或者一杯富含奶油的牛奶。

建议，如果你的花园很大，可以选择橡树或山毛榉；如果花园较小，可以选择山楂树或者苹果树；如果你只有露台或阳台，放心吧，仙女同样喜爱你的薰衣草、玫瑰和欧石楠组合；若是地方允许，还可以点缀一些钟形花。另一种方式同样受欢迎，它借鉴了仙女女王泰坦妮娅的小客厅，需要修建一座凉亭或者藤架，并邀请有着强烈象征意味的常春藤、芳香无比的玫瑰，以及你喜爱的各种鲜花。用柔和的灯光照亮这一切，可以把此地变成一个真正的巢穴，毫无疑问，艾尔夫精灵和仙女们都会在夜幕降临后，前来嬉戏、玩耍。

受欢迎的杂草

如果这本书里面有一个忠告需要记住的话，那便是连接精灵和原始自然的那种永恒的、极其牢固的情感羁绊。因此，要想让小精灵在你的花园里过得开心，最好的办法之一，就是任由来此扎根的植物自由生长。仿照过去的农民给仙女留下一处田地的做法，把你的领地的一部分交给她们。很快，野草会在那里蓬勃生长，突然造访的精灵会让你惊叹。不要害怕蓖麻或者蓟类，因为那里藏着数量众多的精灵。它们会照看你的花坛和花盆，并且作为对你的感谢，会让处处都生机勃勃。

最好的吸引精灵的方式，就是尽量少干预花园里的植物。这样，所有的小生灵在自然的环境中都会更加自在。

植物肖像

大蒜

Allium sativum，百合科

具有冲击性的驱邪物

植物学知识

多年生草本植物，气味浓烈。独茎，无分叉。叶片细长。夏季开粉色或白色小花，呈钟形，组成伞状花序，并混有珠芽。蒴果，内含种子。栽培取其白色鳞茎，可食用，可调味。

保镖

在印度洋的摩鹿加群岛（Moluques），居民们在晚间尤其是夜间出门，一定会带上刀、木块和大蒜或洋葱。根据他们的信仰，只有拿齐了这三样东西，才能保护他们不受那些喜欢在黑暗中游荡的恶灵的侵扰。

寝室里的陪客

夜晚与黑暗可能给脆弱的睡眠者带来巨大苦恼。众所周知，夜晚适宜吸血鬼活动，而人们可以用大蒜抵御它们对鲜血的渴望。不过，人们较少知道的是，这种植物也能驱逐其他数量众多的邪恶生灵。鞣革精灵（Fouleur）和其他与噩梦有关的精灵，会把全部重量施加到睡眠者身上，给他们施以噩梦和压迫感。睡眠者从那时起会失去所有移动和叫喊的能力。这些阴险的精灵的名字在各个国家各不相同，但是我们能根据它们类似的行为方式认出它们。11 世纪的盎格鲁－撒克逊人建议把大蒜、乳香和药水苏混合起来，用于防备马尔（Mahr）的侵扰。

过去，在法国，人们更加惧怕邪恶的仙女。在睡前吃大蒜曾被认为能有效驱逐这些女士。在比格尔地区（Bigorre），人们相信把几头大蒜和一些盐放在床头柜上或者摇篮中，就有同样的驱邪功效。罗马尼亚人也同样会把大蒜放在婴儿旁边。这样，“森林之母”就无法把孩子的梦偷走，交给自己的孩子，或者把这些小天使掳走并将自己的后代与之替换。

救命！

在法国北部，在住宅的一根梁上挂上一串大蒜，可以驱逐例如玛丽·格罗艾特（Marie Grauette）或拉

图瑟（Latusé）等妖怪。玛丽·格罗艾特有时住在地窖里，但更多时候她生活在水塘或池塘中，把太过靠近的孩子拉下水。拉图瑟是躲藏在天花板或嘎吱作响的旧地板里的小精灵。它们会掳走不听话的孩子，因此声名在外。

在意大利，女巫贝法娜（Befana）会在主显节给孩子分发礼物。听话的孩子会拿到糖果，而捣蛋鬼则会在袜子里找到大蒜和煤块。

成年人并不能躲过精灵的骚扰。尤其在罗马尼亚，鲁萨利（Rusalii）是一种年老、丑陋而恶毒的仙女，她们只在五旬节的那一周出现。敢在这七个白天到田间劳作或者在这七个夜晚从井中打水的人要小心了，鲁萨利会砍掉他的手或脚，除非她们更乐意挖掉他的眼睛或者把他逼疯……为了免遭她们的毒手，最简单的办法就是，在五旬节的前一晚在腰带上绑上大蒜。为了抵御这些可怕的仙女，在屋顶或者门上再挂几串大蒜也不嫌多！

(La Befana.)

荆豆

Ulex europaeus, 豆科

带刺的屏障

带刺的麻烦

布列塔尼长满荆豆的荒野，是科里甘精灵最爱的游乐场。夜幕降临后，它们愉快地围绕着史前石柱跳舞，抓住在路上耽搁的散步者，把他们拉入地狱圆圈舞中。很少有人能活着逃脱，或者不失去理智……这些小小的精灵不知疲倦，连续数小时转圈跳舞，直到它们的受害者精疲力竭。上布列塔尼的仙女们拥有一只十分爱吃荆豆的母山羊，它甚至不放过在田间生长的那些荆豆。农民们因此非常烦恼，直到有一天，他们耗尽了耐心，拿起棍子打那头山羊，将它赶出了他们的田地。这时，人们听到了仙女的声音。她劝说农民留下她的山羊吃草，并承诺被吃下的荆豆会立刻重新长到原本的高度。于是，农民再也没有失望过，恰恰相反，因为他们从此变得富有。

植物学知识

矮灌木，常绿，可长至1—2米。枝丫带刺。叶片小，呈鳞片状，也带有刺。黄色单花，数量极多，2月起进入花期，但常常全年开放。淡褐色荚果，内含有毒的种子。生长在荒野和草地。

大面积损毁

位于阿摩尔海滨省（Côtes-d'Armor）弗雷埃勒角（cap Fréhel）的荒野，是一个旅游胜地，每到春天就被盛开的荆豆花装点。然而，这景色不是自古如此，从前这里是一片密林。相传，这里被民间传说里的巨人卡冈都亚夷为了平地，从此，只有荆豆和欧石楠能在这片土地上生长。

哎呀，布列塔尼割荆豆的人可不讨人喜欢……但愿他知道不要在4月的最后一天晚上烧掉荆豆，因为这天晚上仙女们会住在里面，而烧掉荆豆会招致不幸。

难以通过的障碍

因其带刺的乱蓬蓬的枝丫，荆豆形成了难以穿过的天然屏障。因此以前人们常常用这种植物来保护自己不受女巫和精灵的侵扰。人们认为火能够驱赶所有不怀好意的生灵，所以过去总能看到用带刺的荆豆制成的柴堆，即使它们有时候规模很小。在爱尔兰的米斯郡（Meath），农民会在自己田地的边缘燃烧荆豆做的柴捆，以阻止精灵们偷窃黄油。另外一种保护方法由威尔士的一位老妇人传授，即用荆豆制成的帘子包围床的四周，以赶走可能前来打扰睡眠的精灵。

不过更多时候，此地的居民喜欢在家的四周种上荆豆组成的树篱。种好之后，一家之主会带领全家站到领地的西面，祈祷荆豆能够阻挡幽灵和作恶的精灵。

永远的惩罚

皮鲁－蓝（Pilou-lann）是一个布列塔尼的精灵，它被惩罚切割并研磨荆豆，以维持炼狱的火焰。它会在暴风雨来临前的夜晚出现，用木槌敲打老房子的山墙。不过从来没有人见过它。

“荆豆窃贼”的情况就不一样了，所有人都能看到它。只需要抬头便能在满月的表面看到它的身影。最初，它只是像你我一样的凡人，但在偷窃荆豆后受到了惩罚。它被流放到月亮上，不得不背着它的重担，暴露在众目睽睽之下。

褐藻

褐藻纲

精灵的象征

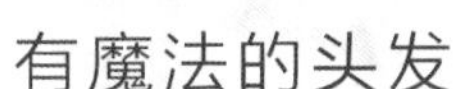

有魔法的头发

在印度洋的岛屿上，细长的水藻随着水流妖娆地漂荡。它们摇曳的舞姿有时会吸引渔夫的目光，让他们愉快地沉浸在对这些美丽植物的凝视之中。在他们被催眠的眼中，普通的水藻变成了水精那如丝绸般顺滑的长发。着魔的人们急匆匆地冲入水中与美人相会。没人能重新回到岸上。用水藻制作幻象的巫师密切地监视着这一切……

在苏格兰，恰恰相反，褐藻妨碍着例如塔尔布·尤思吉（Tarbh Uisge）一类的超自然生物的恶行。塔尔布·尤思吉是一种生活在水中的公牛，它常常化作人形来吸引年轻女孩。如果女孩发现了它的头发里有水藻，就会猜到它的本来面目，拒绝它的邀请。

植物学知识

褐藻没有叶片、花朵、茎和根，它们通过叶绿素和褐藻素来完成光合作用，褐藻素让它们呈浅褐色。在温带和寒带海域非常常见。褐藻是对一系列主要呈褐色的水藻的统称，人们常常沿岸收集它们，并将其制成肥料。

海中的园丁

凡菲克（Fin Folk）是生活在康沃尔、威尔士，以及苏格兰的奥克尼群岛（Orcades）和设得兰群岛（Shetland）周围海床上的精灵。

这些生灵有着人类的相貌，它们在自己住所周围修建了极美的花园。大量的海藻和各种有颜色的海生植物在里面茂盛地生长。

海水同样也庇护着魔法生物，它们头戴各种褐藻或墨藻。比如德洛加尔（Draugar），它们是死在海上的挪威水手的幽魂，或者斯堪的纳维亚半岛的尼卡尔（Nickar），后者常常被描绘为男性美人鱼的样子，有着金色的、混合着海藻的头发。

打湿的衣柜

如果在一个月光皎洁的夜晚，你信步走到特雷吉耶（Tréguier）附近的海滩，你可能会有幸看到藻人图德·果蒙（Tud Gommon）精灵。

这些小精灵每次从海里出来，都会事先罩上用红藻制成的巨大斗篷。当它们坐在沙滩上，抱紧自己的孩子唱摇篮曲时，人们就会听到小小的喀啦声。这是海藻的泡囊在一颗颗爆裂的声音。

比较让人忧虑的是波比盖昂岱（Bolbiguéandet），它们是莫尔比昂省的海妖，背上布满海藻，会在岸边的岩礁之间露出半边身子。它们会带着恶毒的快意，预言即将到来的暴风雨和海难。它们最开心的事情便是逼迫人们登上充满幽灵的阴暗小船。小船一旦坐满，便会驶向无人知晓的目的地，而人们会沉沉地睡去。直到清晨，他们才发现自己昏昏沉沉地躺在陆地上。在圣马洛（Saint-Malo），孩子们在晚上去海滩时可能会遇到胖子让（Gros-Jean）。据说，它会把孩子们关在酒桶里，只给他们吃墨藻。

带有碘元素的鞭打

人们经常将墨藻长长的薄片与鞭子的鞭身联系在一起。直到中世纪，人们都认为爱尔兰、苏格兰和挪威的女巫用这些海藻来鞭打她们的马头鱼尾怪。在布列塔尼的圣卡斯莱吉尔多（Saint-Cast-le-Guildo），住着喜欢用墨藻打架的好斗的仙女。母亲们会对自己好动、吵闹的孩子加以威胁，不听话就把她们带到岛的尽头。

对赫布里底群岛的居民而言，褐藻的泡囊就是仙女产下的卵。

山楂

Crataegus monogyna，蔷薇科

仙女之树

私人领地

在山楂树的绿荫下，在雪白芬芳的花束中，在带刺的树枝造就的壁垒后，往往居住着仙女。如果三株山楂树共同生长在山丘下并组成一个环形，那么她们一定生活在其间。小溪边单独的一株山楂树也是可靠的标志。一直想一睹仙女真容的精灵爱好者们啊，要知道她们领地的入口就在这些树木的树根底下。而且，人们也是通过这种洞穴，进入孚日省朗达维尔市（Landaville）仙女的地下宅邸的。在那里，天花板上垂挂着大堆五颜六色的星星，以及众多反光的镜子，让人以为自己直接暴露在阳光之下。

不过，不应该因为这迷人的幻象而忘记需要小心谨慎，因为一些仙女将一切靠近她们的山楂树的行为视作不可饶恕的侵犯。18 世纪的一则故事记录了一个名叫安娜的爱尔兰姑娘因此被卷到空中，而她的伙伴们眼睁睁地看着却无能为力。

要知道，在 5 月 11 日、6 月 24 日夏至和 11 月 11 日——凯尔特人在这天庆祝新旧年岁的更替——的前几天夜晚，靠近这些有魔力的树木尤其危险。这些晚上，超自然生灵尤为活跃，大量的仙女聚集在山楂树下。

植物学知识

2—10 米高的灌木，带刺。叶片有三至五个裂片，落叶木。5—6 月开花，白色，五片花瓣，排列成大型扁平的伞房花序，单花柱。山楂果为红色，内含一颗果核。寿命可长达五百年。可作为树篱栽种，生长在森林边缘。

爱尔兰人过去所庆祝的5月11日，和曾经用于纪念死者的11月11日，都不是什么好日子。守护山楂和黑刺李的鲁南缇西（Lunantishee）精灵会给在这两天靠近这些树的人带去不幸，哪怕他们只是从树旁边经过。

山楂树（aubépine）还被称作“白色荆棘”（blanche épine）、“白色灌木”（buisson blanc）、“高贵的荆棘”（noble épine）、“五月木”（bois de mai）、“五月荆棘”（épine de mai）等。

征用会带来损失

既然仙女将山楂树作为自己的居所，明智的人便不会破坏它们而惹仙女生气。在人们笃信山楂树里藏着仙女的爱尔兰，两位名叫波尔金（Bergin）的兄弟拔起了自己土地上的山楂树。很快，兄弟中的一个发了疯，并且再没有好转。后来，一名轻率的农场主犯了同样的错误，惩罚很快就要到来：他的牲口纷纷死去，紧接着是他

过去，流行着把献给仙女的供品放在山楂树下的习俗。这个美妙的礼物可能深受她们的青睐。

被囚禁的心

在布罗塞利昂德（Brocéliande）的森林里，有一株古老的山楂树，它有时会发出呻吟。姑娘们若是跪在树前安慰它，当年便能喜结良缘。

这个传说来自仙女薇薇安（Viviane）和魔法师梅林（Merlin）的浪漫故事。魔法师疯狂地爱上了美丽的仙子，告诉了她自己所有的秘密，包括如何不用锁链和高墙就能囚禁人的方法。薇薇安害怕失去她的爱人，把魔法师永远地关在了一株山楂树中。

的孩子们……毁坏仙女的树就会受到惩罚。深信这个规则的爱尔兰基尔特马市（Kiltimagh）的居民，在1920年警告了一名伐木工，他奉命前来砍伐田里的两棵山楂树，因为此地将要修建医院。伐木工并不迷信，毫不在意这些警告，却在第二天死于心脏病突发……另外一个例子发生在20世纪末。德罗瑞恩（DeLorean）汽车公司的总经理不顾工人们的反对，拔除了一棵住着仙女的山楂树，好在此修建一座工厂。人们认为公司最终的破产与这个亵渎行为有关。如今，很多

理智的农夫在耕地时，会小心地避免过分靠近他田地里的山楂树的树根。

爱尔兰人仍旧反对因扩建公路或新修道路而砍伐山楂树。行政部门因此别无选择，只得修改最初计划的路线，或者把受供奉的树木留在马路中间，就像对待赛尔·基兰（Seir Kieran）修道院旁边的那棵山楂树那样。

苦涩的预兆

在 13 世纪的苏格兰有个被称为厄尔塞多恩的托马斯（Thomas d'Erceldoune）的人，他也被称作诗人托马斯（Thomas Le Rimeur）。这位游吟诗人不但因其

带来善果的伤害

在布列塔尼，人们将布谷尔－诺（Bugul-noz）形容为一个夜游之人，他穿着长长的白色外套，戴着帽檐很宽的大帽子。

有些人说他曾经是个凡人。他被惩罚是因为做了七年或九年的坏基督徒，或者更糟糕，因为杀了人。善良的人可以用山楂树枝刺他，从而把他从悲惨的命运中解救出来。

不知道在修建“山楂树”路时，有没有改变设计路线。

讲故事的拯救者

1999 年，爱尔兰的民俗学者艾迪·勒宁瀚（Eddie Lenihan）获悉一棵山楂树会因修建高速公路而被砍伐。他写信给媒体，警告政府部门小心仙女们会为了报复而引发交通事故。民间的大量抗议随后而至，人们最终决定不去砍伐那棵山楂树。

诗歌而著名，还能预言未来，据说这种能力来自仙女。

根据传说，有一天，他躺在溪边的一棵山楂树的树荫下，看到了一名骑着白色骏马的绝世美人。他以为自己看到了圣母玛利亚，立刻屈膝跪地向她表示敬意。事实上，站在他面前的是精灵女王。女王把诗人带到了她的魔法国度，让他获得了预言的能力。七年以后，他获允离开，回到亲人身边，并发誓永不伤害任何树木。

芳香的礼物

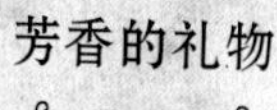

过去，姑娘们会在春天用山楂树枝编织花环，并把它们挂在灌木丛上。她们认为，夜晚降临时，仙女们会在树旁起舞，欣赏白色花朵的淡淡芳香，并用某种方式感谢自己。

他习惯在艾尔登山（Eildon）的山楂树下宣告预言，并且邀请人们照顾这棵树木，以保证自己田地的收成。他爱说：“只要山楂树开花，每人的田地皆丰收。”这句预言在几个世纪都为人熟知，人们尤为照顾这棵圣树。但是，1814 年，暴风将它刮倒了。人们往树

在希腊，人们送给新娘山楂树枝，为她们带去好运，替她们驱赶邪恶的精灵。

根上浇灌威士忌，但也没有用，山楂树还是死掉了。这可能是仙女们因失望而进行的报复，从此以后，此地的居民遭受了巨大的经济损失……

谁去那儿？

仙女不是唯一喜爱山楂树的生灵，还有大量的女巫。在凯尔特和日耳曼的民俗中，哈格（Hag）是管理四季的年老的女人，她们常常在山楂树周围活动。在古撒克逊语中，hag一词也用来指山楂树的果实，由此可见女巫和这种植物之间的密切关系。

肮脏的习惯

弗朗什－孔泰的农场主们认为飞龙（Vouivre）——一种长有翅膀的蛇形怪物——会在他们的厩肥堆上生蛋。为了防止蛋壳里的飞龙孵化，他们将一枝山楂树枝插在肥堆上，同时惋惜飞龙为什么不在上面放上自己头上的珍宝，比如它的第三只眼。

你将看到这种关联是有原因的。如果在一个满月的晚上，你来到格恩西岛（Guernsey）的一片草地上，偷偷待在那些高大、惹人注目，并因历经岁月而盘根错节的山楂树旁。你会很快看到野兔、猫和其他动物聚集在树荫下，疯狂地跳着舞。要知道女巫能根据喜好改变自己的样貌，而把自己变成动物是她们最喜欢的消遣之一。等这些动物离开之后，不要忘了折下一枝山楂树枝。把它戴在身上，挂在门口或者放在摇篮上方，能够有效地驱赶女巫或者邪恶的仙女。人们常常忘记，这些邪恶的仙女可能非常残忍。她们有着掳走小孩的劣行。为了解救被困在布有魔法的山丘中的孩子，英国人会放火烧毁山坡上的山楂树。知道魔法师对山楂树的依恋和她们睚眦必报之性格的人，会忍不住为这些做出亵渎行为的人颤抖。然而，失去子女的家长常常会做出轻率的举动，人们怎会对此感到惊讶呢？

像腐烂的味道

根据一个流行至今的英国迷信说法，在家里摆放山楂花会引发事故、重病甚至死亡。这一次与仙女们没有关系：人们认为山楂花会散发出死人的味道。确实，因腐烂而产生的肉毒胺的气味与山楂花相似。

小麦

Triticum aestivum，禾本科

被密切监视的麦穗

植物学知识

一年生禾本科植物，茎秆长，有节。叶片窄而长，沿节生长。花朵组成穗状。果实为颗粒状（颖果），内有一颗种子和一个胚乳（富含淀粉），外部被纤维（麸皮）包裹。法国大量种植了这种谷物。

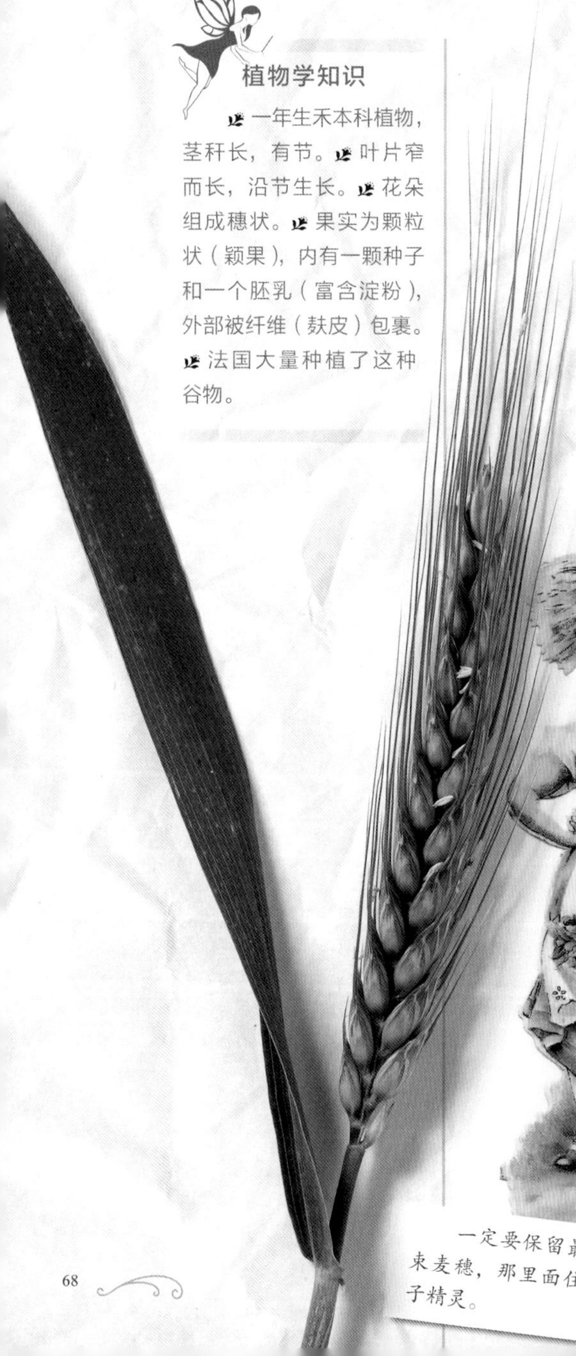

带来好运的麦束

人们不难看到野兔从麦田间蹿出或者山鹑惊飞掠过麦浪。不过，这看似自然和平常的景象并非总是那么平常！从前，人们迷信地认为这与小麦精灵有关。这种神奇的生灵住在小麦中，有时会变成小动物的样子。当它看到收割时节，金黄的麦穗触碰到地面时，会心生恐惧，跑到田地的另一端的麦秆里躲起来。为了保证来年有好收成，农夫会小心翼翼，不冒犯它。农夫会割下最后一束麦子——精灵就藏在里面——把它带回家中作为吉祥物。这束麦子常常被挂在仓库的门上，保持12个月，直到来年收割时被新的麦穗取代。在德国，科恩沃夫（Kornwolf），也可以译作“麦狼”，它守护着麦田。然而它会对不好好干活或者忘记给自己贡品的农夫怒

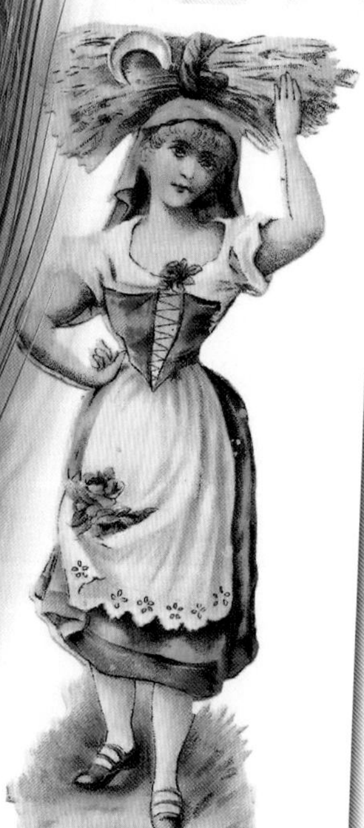

一定要保留最后一束麦穗，那里面住着麦子精灵。

小心了，麦子精灵有时候很可爱，但它们并不总是心怀好意。

目相向。就像所有麦子里的精灵一样，科恩沃夫也躲在最后一束麦穗中，人们会把这束麦穗捆成狼的形状。

从不妥协的守卫者

还有其他的精灵生活在麦子中。俄罗斯人将其中一种称作波利艾维克（Poliévik），而波兰人把它叫作波列维克（Polévik）。它的身形随着麦子的生长而发生变化，可以像麦粒一样小，也可能长到麦秆一样高。它骑在小马驹上，走遍收割后的麦田，象征性地重新规划它每年守卫的田地的边界。它驱赶麦田里的害虫，拔除杂草，保证收成。不过，不好好耕地且沉迷午休的农夫要小心了，波列维克会简单直白地掐死他们！

波列维克的伴侣叫波露德尼卡（Poludnica），她也并不温柔……中午时分，当农夫休息进食的时候，她会变成穿着白衣服的少女或者衣衫褴褛的老妇的样子，在麦田间游荡。如果她发现在这日头高挂的时候还有人在劳作，会将他视作小偷并马上把他杀掉。保命的办法只有一个：立刻趴在她跟前。

惊喜！

在瑞士，伯尔尼州的农夫们可以信赖伯格曼莱因（Bergmaennlein）精灵。这些小矮人十分可爱，会在夜晚完成最繁重的农活。有时候，农场主来到已经收割完的麦田前，会忍不住咒骂，因为麦子还没完全成熟。但是当数小时后大雨倾盆时，他们则会感谢有预见性的精灵所带来的帮助。

量身定制的工具

在巴伐利亚的麦田间，莫名其妙出现的狭窄的小犁沟会让人吓一跳。犯罪分子的身份毫无疑问，这是比尔维施尼特（Bilwesschnitter）精灵的杰作。它将镰刀固定在一个脚趾或者一只脚上，毁坏麦穗，偷走麦粒以供自己食用。

捷克和斯洛伐克人提防着波列德奈斯（Polednice）。这位身着白衣的女精灵会带着鞭子在12点到13点之间在麦田上飞来飞去。如果她看到有人在损坏麦穗，她便会用鞭子将他抽打至死。还需要小心波列德尼切科（Polednicek）。不要被它小男孩的外表迷惑，它会惩罚破坏麦田的人。

在比利时，人们从不和白慕希开玩笑。它不能容忍在麦丛中奔跑的孩子，或是收割还未成熟的麦子的农夫。它的惩罚没有回旋余地：它会割倒所有的麦穗，或者引来寄生虫……

珍贵的麦穗

众所周知，仙女可以把南瓜变成马车，把破衣服变成舞会礼服，把简陋小屋变成王子的城堡……她们对值得称赞的人——比如对她们做了善事的人——十分慷慨。下面的两个故事便是证明。在19世纪末，比利时瑟穆瓦河畔夫雷斯（Vresse-sur-Semois）的一名助产士被一个仙女召唤到床边帮她接生。作为报酬，她收到了两束麦穗，在她回到家之后，麦穗变成了金子。

既没被看见也不为人知道

仙女的食谱中也有麦粒，她们会直接从麦田里获取。不过，你永远也看不到她们的作案方式。她们用咒语将自己隐身，或者会变成老鼠或是小嘴乌鸦来让自己不被发现。

在很久很久以前，法国维拉雷（Villaret）北部的伊泽尔的一片森林里，有一个仙女生病了。一位善良的妇人在得知此事后，为她带去了一碗热汤，并得到了一束麦穗作为谢礼。仙女再三嘱咐妇人要把它拥在胸口，千万不要弄丢。但是妇人觉得麦秆扎人，把它扔到了路上，并未留意自己的衣服有一颗麦粒仍然黏在其上。当她脱掉衣服准备休息时，发现麦粒变成了一块金币。她是多么后悔没有听从仙女的嘱咐啊！

邻里问题

拥有例如斯科拉特（Skrat）或是普克斯（Pukys）这种家养小精灵的人真是幸运。如果小精灵得到精心照顾，便会在晚上完成所有的家务活。最妙的是，它们会送给主人一些礼物，比如钱币、喂牲口的干草、葡萄酒、黄油或是麦粒。唯一的问题是，这些东西都是从邻居家偷来的……

鲁西永（Roussillon）的女性们常会往身后扔几颗麦粒，以避免因一种名为佛雷（Follet）的小矮人受孕。

桦树

Betula pendula，桦木科

幽灵树

植物学知识

可长至 30 米高，树皮为白色，呈纸片状脱落，开裂，在衰老时形成黑色斑点。树枝光滑，有树瘤，可产树脂。叶片带有锯齿，成桃心形。雄性柔荑花序长且下垂，雌性柔荑花序直立，雌雄同株。生长于树林、林中空地、花园中。

有危险的漫步

想象你在布列塔尼深处，漫步在一片桦树林中，夜幕伴随着黄昏逐渐降临。周围的景色渐渐模糊，小鸟的鸣叫越来越稀疏，直至消失。夜晚的凉风让你打了个寒战，或者这寒战是因为你看到了白衣男人而备感恐惧？

很多散步者和驶过树林边缘的司机，都充满恐惧地描述了这些白色的身影，它们在夜幕到来时行走于此。不相信的人认为这是来自人们的想象和迷信，瞥见的灰白人影事实上只是黑暗中的桦树树干。而塞文（Cévennes）山脉的大部分居民认为恰恰相反，因为他们在田野里也能看到这些身影。仿佛这些不合时宜的偶遇还不足以让人担忧似的，他们声称遇到这些白衣人预示着很快会有噩运降临！

潜在的信息

曾经，俄罗斯韦特卢加（Vetluga）一地的居民极其崇拜一株独特的桦树，它有 18 枝巨大的树枝，并延伸出 84 个树脊。当时一场暴风雨刮落了树上的一个树脊，掉在了田地里，拥有该田地的农夫便认为，这是树的意识在向他表达不满。为了安抚它，在那一年农夫没有收割他田地里的粮食，而将谷物留给了桦树的守护者。

手碰到心脏

过去在英格兰，只要在夜间走近萨默塞特荒原的桦树林，就会给年轻人带来无法挽回的灾难。因为在这里居住着“白手姑娘”，她是一位苍白而消瘦的女孩，她的衣服沙沙作响，就像是用干枯的叶子做成的一样。她追逐着年轻的男子，从一棵树跃至另一棵树，最终用自己像树枝一般苍白而细长的手触碰他们。如果她碰到了头，那么夜游的男子会发疯，而如果她触到了心脏，那么男子就会当场死去……

一切看起来似乎很平静，然而，在庇卡底的桦树林中，生活着白色的小矮人伯克基雍（Bocquillon）。据说他们是因为违背了上帝的旨意而受到惩罚，变成了小矮人。

身旁的保护

童话传说经常提到，教母仙女俯身在婴儿的摇篮上，吹一口气赋予他们各种品质，决定他们的未来。在北欧，这些摇篮是用桦木制成的，桦木象征着春天，也就是新的生命周期。所有躺在里面的婴儿都不用害怕任何危险，好心的仙女会去看望他们。相反，赫布里底群岛（Hébride）的居民们害怕这样的面对面。他们在摇篮上挂一枝桦树枝，用以驱赶仙女。他们可能是害怕自己的孩子被掳走，被替换儿取代。

在白俄罗斯和乌克兰之间的波利

礼尚往来

曾经在东普鲁士，人们会在每晚留给阿勒福（Alf）精灵一小碗用桦树粉制成的糊。为了感谢人们对它的照顾，精灵会在屋里零星帮些小忙。在意大利的特伦托省，甘奈（Ganne）精灵有时会在冬天偷走居民家中的食物，不过它们会留下能变成黄金的桦树叶子！

西亚（Polésie）地区的森林里，有着这样一种习俗，人们会在临近圣三一主日的时候，在墓地里插上桦树枝。通过插桦树枝表明，人们鼓励鲁萨尔基（Roussalki）精灵继续留在墓地里，而不要跑到人们家中。与此同时，姑娘们深知鲁萨尔基精灵对白桦树的依恋，编制花环并将它们挂在桦树下垂的枝头上。然后她们围绕着树干，至少跳一个小时的圆圈舞，并唱着保护精灵的咒语。圣三一主日过后，人们会拆掉这些花环，好让鲁萨尔基精灵重新回到它们在水下的宫殿中。

在法国，人们仅仅是将桦树枝放在屋中以避免邪

看见仙女俯身在自己的摇篮上是不够的，这个摇篮一定要用桦木制成的方可。

祟。而英国赫里福德郡（Herefordshire）的居民，会于每年 5 月 1 日在马厩前的土地里插入桦树的嫩枝，并在树枝上绑上红色和白色的饰带。这样就能阻止小精灵在晚上跑进马厩里惊扰马匹。

在 1 月 31 日时用桦树树枝做成的扫帚清扫门槛，能使这一年远离不怀好意的精灵。

精灵啊，你们是在那儿吗？

莱希（Lechy）精灵是斯拉夫地区森林的守护者，她尤其与桦树关系密切。如果你想遇上她并向她求助，那么就砍下一株年轻的桦树顶上的树枝，并把她弯成圆环状放在地上。拿走自己身上所有与基督教有关的饰品，然后走到木环里，念道："森林的小父亲，请出现吧。"莱希就会以人的面貌出现。它可以满足你的任何要求，只要你许诺将灵魂交给她……

可能召唤桦树精灵更为稳妥，她不要求任何回报，唯一能给予的礼物是她的乳汁。这种精灵以成熟女子的样子出现，上半身从树干或者树根上冒出来。她披散着长发，乳房充盈。喝了这西伯利亚精灵的乳汁的人会获得极大的力气。

恶魔的树林

包括桦树在内的一些树木，会因大量密集的嫩芽和树枝而显得怪异，这些枝杈被称作"女巫的扫帚"。今天的科学告诉人们，这种畸形源于真菌感染（感染桦树的是 Taphrina betulina 真菌），而在过去，人们认为它的形成，是由于骑在扫帚上飞行的巫师碰到了树枝。仅仅是接触一下，树枝便竖起来，形成了奇形怪状的凸起。

欧石楠

Calluna vulgaris, Erica sp.，杜鹃花科

小精灵的藏身之地

植物学知识

小型常绿灌木。叶片为全缘叶，互生，叶片小，呈针状或鳞状。花为小球形，钟状，有粉色、淡紫色、紫红色、白色等。果实为干燥蒴果，内含种子。生长在沙丘、含泥炭地区、林中空地、田野、酸性土壤地区，常常呈大面积地毯状生长。

存在的信号

在开满欧石楠的原野上，到处都是精灵。一旦夜幕降临，它们就会从藏身之地跑出来，在荒野上漫步，在史前石柱群边舞蹈，或者去戏弄那些晚归的人。

熟悉彼涅克（Pinieuc）地区原野的布列塔尼人，会避免在夜晚穿行其中，因为成千上万的鬼火会从欧石楠花丛中冒出来，伴随着响彻大地的尖叫声。如果迷路的人没有在午夜来临之前做完祷告，或者没来得及到达路边设置的十字架边，鬼火就会让他一直迷路，直到清晨。

在大不列颠，莎士比亚极其喜爱的派克（Puck）小精灵也喜欢让旅行者在欧石楠花丛中迷路。莎士比亚讲述了小精灵如何在晚上把那些晚会结束后结伴归来的年轻人折磨得晕头转向。它化身成一簇鬼火，引诱晚归的人跟着它在错综复杂的植物丛中行走，直到清晨才把他们放走。

利穆赞（Limousin）地区的树丛和林间空地的欧石楠吸引的则是弗莱思节（Forestier），它们是小小的土地精灵，喜欢在铺满松针或欧石楠、沐浴着月光的地上跳舞。它们演奏的乐曲十分美妙，没有人会不为之动心。它们的弦乐器是用挖空的橡树果实和蛛丝

空想

格罗奇（Groach）是布列塔尼的一个老巫婆，她有着欧石楠的胡子，头发蓬乱，里面伸出一些黑刺李的刺。不用说，这个样貌可不是什么吸引男性的王牌。所以有时候她会变身成一位美丽的少女。不过命中注定，每次她的一个缺点都会暴露她的真实身份……

制成的，让人难以想象。有一个人，在一天夜里被精灵为自由自在跳舞而脱下的木鞋吸引，他偷走了一双，妄想穿上后也能获得隐身的能力，然而却失败了。所以，如果在一个月圆之夜，你信步来到弗莱思节跳舞的欧石楠丛中，那么尽情享受当下的美妙时光吧，而不要去管那些小小的鞋子。

遗失的秘方

拉布列康精灵特别喜爱啤酒，它们会在秋天采集欧石楠花，制作只有它们才知道秘方的啤酒。在很久以前，它们同意把配方传授给爱尔兰人。但是在很多个世纪之后，配方被逐渐遗忘……拉布列康从来都拿着一个盛得满满的啤酒罐，甚至在修鞋子的时候也不例外。嚼舌头的人会告诉你，这就是为什么它们每次只能修一只鞋子。事实上，拉布列康精灵特别能喝，这么做只是为了在它们的工作没有收到礼物作为回报时，能够讨价还价一番。

只需一枝欧石楠便能击溃原野上游荡的各种精灵。不过在欧布拉克（Aubrac），人们还得对付德拉克精灵，它们会在白天舒舒服服地睡在欧石楠花丛中。

蘑菇

精灵的伙伴

神奇的名称

蘑菇的庞大世界一直都强烈地吸引着人们。它们生长迅速，有时候蘑菇长的形态很奇特，有的具有毒性或致幻功能，这让它们成为自然界中独特的物种，甚至带上了魔幻色彩。迷信思想会将蘑菇和精灵联系起来就不足为奇了。

并且，人们在表演艾尔夫精灵、小精灵、仙女和小矮人时，常常会让它们坐卧在蘑菇上，或者在蘑菇周围跳舞。在英国，不少蘑菇的名字体现了这一传统，提到了不同的用途，比如“艾尔夫的大盖帽”“树精的坐垫”“皮克西（Pixie）精灵的风帽”和“仙女的黄色棍子”等。而橙黄银耳的俗名“女巫的黄油”，则来自它的黄颜色和胶状质地。这种蘑菇深受艾利隆（Ellyllon）的喜爱，它们是身材极小的半透明的精灵，生活在威尔士的小山谷里。

让我们也来谈谈一部分仙女环和女巫环吧。许多

植物学知识

蘑菇不是植物，它们属于真菌属。它们的植物性器官构成了菌丝。“果实”是地面部分，通俗的叫法为蘑菇，有的有菌把和伞，有的没有，伞的正确名称是子实体，含有孢子。生长于多种地方。

蘑菇呈圆环状生在田野上的现象会让人惊讶。科学家用菌丝解释了这种自然现象，而在此之前，英国传统认为它来自跳圆圈舞的仙女。当她们感到疲劳时，便会暂时坐在肥胖的蘑菇上，之后再重新开始跳她们最爱的舞蹈。

满眼都是

半裸盖菇（Psilocybe semilanceata）有着尖尖的伞盖，就像小精灵的帽子一样。吃了它，你便能看到很多小精灵和其他奇怪的东西，因为这种蘑菇是一种致幻蘑菇，含有接近麦角乙二胺（LSD）的吲哚。

不过，在法国和奥地利，人们更多时候把这种奇怪的自然现象与夜间女巫举行的魔鬼圆圈舞联系在一起。据说她们的癞蛤蟆就住在奇形怪状的蘑菇下面，而且蘑菇也是她们露天活动时的座椅。伊勒－维莱讷（Ille-et-Vilaine）的农夫担心这些蘑菇被施了魔法，他们的奶牛一旦食用了这些蘑菇，就会影响他们农场黄油的产销。因此，他们设法阻止奶牛吃这些蘑菇。不管是仙女环还是女巫环，这些蘑菇环都表明了地下埋有宝藏，不过，没有仙女或女巫的帮助，人们是挖不出这些宝藏的。

不过在约岛（Île d'Yeu），人们认为蘑菇快速生长是因为居住在里面的鬼火。

敏锐的行家

索特雷是居住于洛林的一种小矮人，它很容易被认出：它总是在脖子上挂着一串干蘑菇。只要你对它好一点，热情的小精灵就会主动告诉你蘑菇大量生长的所在。当你采了蘑菇之后，它还会强烈建议你把篮子放在其居住的谷仓里。你完全可以信赖它，让它帮你将采来的蘑菇分类。晚上，它会把所有有毒的蘑菇扔在一块厩肥之上。地精不喜欢雨水，只要天上掉下一滴水，它们就会躲在蘑菇底下，把蘑菇作为雨伞使用。它们精于嫁接之道，能栽培出特别大且特别美味的蘑菇。

具有迷惑性的外表

毒蝇伞很好辨认，因为它有着带白色斑点的红色伞盖。不过，人们很容易把这种蘑菇和能完美伪装成它的小精灵区分开来。在贝阿恩（Béarn），第阿布勒乌（Diablehou）精灵会变成毒蝇伞的样子，而我们稍后会提到的英国的橡树人（Oakman），它则戴着一顶极像毒蝇伞伞盖的帽子。

夏栎（英国橡）

Quercus robur，山毛榉科

魔法树

植物学知识

树干粗糙，枝杈茂密而弯曲，可长至35米。单叶互生，叶边缘有裂片，落叶木。柔荑花序，花朵为黄色。橡树果为椭圆形，被包裹在有劈裂的壳斗内。部分种类的夏栎寿命可长达千年以上。生长在森林、公园、田野中。

树林里的宁芙女仙

在被人们遗忘的树林里，就像轻轻睡去一样，树干上布满青苔、爬满常春藤的老橡树任由清风吹拂它的树叶。树枝和叶片在半明半暗的光线中摇曳，一棵古老的橡树的树皮小心翼翼地裂开，一位苗条的女郎从中探出脑袋和上半身，她的名字叫哈玛德律阿得斯，她从不离开她的住所，与之融为一体。如果伐木工砍伐橡树的话，她会痛苦呻吟，饱受折磨，与树木一起呼出最后一口气。

树精是保护森林的宁芙女仙，她们住在橡树中，

行动自由，能够随意走出树干。她们头戴树叶做成的花冠，围绕着巨大的树干跳舞。不过旁人看不见她们，因为她们会变换成树木的样子。伐木工靠近的时候，树精会发出警告声。放弃伐木的人会收到女神的回报，而心肠刚硬的人则会被严惩。为了防止这样的悲剧，最好的办法是请求住在里面的树精离去，或者在动工之前，让一名祭司确认她们都已经离开了。当她们的木头住所被砍伐倒地之后，伤心的姑娘们只能在其他上千年的橡树里重新安家。

金言

在比利牛斯－大西洋省，想要变得富有的人会去请求住在埃斯库（Escout）镇上的仙女的帮助。他会找到一棵上千年的橡树，对着树下形成的天然洞穴，向住在里面的仙女说好话，然后在树下放上一个罐子。如果他的话打动了仙女，几个小时后，他就会发现自己的罐子里盛满了宝石。

所有人的住所

在英国北部的橡树林中，古老的橡树经历了数代人的砍伐，取而代之的是新种的年轻橡树。那里，风信子盛开，覆盖了所有的棕色腐殖土，小小的守卫者在黄昏时分守护着此地的安宁。橡树人身材矮小干瘦，似乎发育不良，戴着极像毒蝇伞的红色帽子。在晚上穿越它们守卫的树林是件危险的事情，采蘑菇则更加危险：这些调皮的小矮人喜欢把自己变成可供食用的样子……

可以确定的是，枫丹白露森林里的“仙女橡树”能长得如此茂盛，一定是受到了很好的保护。

有一则古老的格言说到，树干粗大、树枝扭曲的古老橡树欢迎精灵们的光顾。很多地区都相信这种说法，认为橡树是神圣的。艾尔夫精灵会在被时光掏空的树干中安家。在法国，仙女和白衣女子经常会出现在橡树下。在莱斯特郡（Leicestershire）的一个山丘上，等待着英国人的是可怕的景象！在一个洞穴旁，矗立着一株巨大的橡树，它的树枝因为挂满了动物和人类的皮而弯曲！这些皮是黑安尼斯

有橡树的地方就有艾尔夫精灵，反之亦然。

（Black Annis）晒制的。这名女巫躲在树里，等待猎物的到来，将之切成碎块，并用这些猎物制作新的裙子。数个世纪前，她消失了，英国人为此欢欣鼓舞。

连带的损失

在东比利牛斯省的里阿镇（Ria）——也就是现在的里阿西拉克市（Ria-Sirach）——的火车站旁，曾经有一株古老的橡树。看到它是如此生机勃勃、庄严高贵，人们不会想到它从前十分孱弱，然而……让我们从头开始讲述吧。早在市镇取代原始的森林之前，这里是一片橡树林。那时，这些树木从来不掉叶子。尽管秋风和冬天的寒风呼啸，夏栎、西班牙栓皮栎以及其他的近亲都不会掉落树叶。它们为昂坎塔达（Encantada）提供了极好的庇护所。昂坎塔达是一种洗衣仙子，她们喜欢戏弄人类：让牛奶变质，打开牲口棚的门把牲口放走，等等。

被追踪

在蒙图瓦（Montoie）的汝拉山森林里，福尔塔（Foulta）精灵把老橡树视作自己最爱的巢穴。这种邪恶的小精灵会变成鬼火，在森林里跟随人或动物，并给他们带来伤害。在放牧的草地上，人们不难见到有些橡树周围有一圈修剪整齐的树篱。这种篱笆能防止牧群靠近被福尔塔精灵占据的橡树。

仙子们被手持长柄叉的农夫追赶，迅速逃向橡树林，在橡树脚下她们会念一段魔法咒语，然后消失在茂密的树杈中。等气喘吁吁的农夫赶到时，一切都已经太晚了。看不见任何坏仙女的影子，他们只能原路返回，心中充满疑惑。

一天晚上，天尤其的冷，人们聚集在树下，意图解开秘密。当他们发现头上的帽子消失不见，听到树枝里传来冷笑声时，害怕极了。所有人都一股脑儿地跑回家中。这时，最年轻而最孱弱的一株橡树站出来反对这种做法。与其他的橡树不同，它不再为昂坎塔达提供庇护，禁止她们藏到自己的身体里。

仙女便离开它去寻找更加热心的树木。她们会感谢忠实于她们的橡树，让它们长满散发出清香的叶片，或者是金子或水晶做成的叶片。只有反抗的那株橡树保留了绿色的叶子。事实证明它是对的，因为清香的

过去，一位仙女种下了这棵橡树，好在下雨的时候得以在树下躲避。她让一只松鼠守护橡树，作为报答，她允许松鼠在树干中挖一个洞来储存食物。

叶子被山羊吃掉了，走私犯摘走了金叶子，而风吹碎了水晶叶子。最终，只有反抗的小橡树的叶子不曾消失。它的同伴们非常嫉妒，纷纷死去了……从此之后，昂坎塔达不再使用魔法改变树木的绿叶。

小人国公民

在大不列颠的公园和花园里，名叫皮里维晶的、长着翅膀的小仙女，喜欢住在老橡树脚下开放的野花中。她们最喜欢的住所是百里香、毛地黄、报春花和蓝铃花。

在洛林的里帕耶（Ripaille）森林，更准确地说是在昂纳菲特（Hennefête）地带，生长着奇怪的橡树，它们矮小、扭曲而孱弱不堪。它们可怜的样子，据说与阿格斯（Agaisse）有关。阿格斯是一个恶毒的仙女，她因为橡树没有向她低下树冠表示尊重而惩罚它们。

民俗学家认为哈玛德律阿得斯的预期寿命长达933120年！

相互欺骗

欧洲的仙女经常把她们的孩子与人类的孩子交换。一个能让我们发现问题的迹象就是号哭不止、随时讨要食物，这样的婴儿只能是仙女的后代。当替换儿显露出其本来面目时就没有什么疑问可言了：他们的头很大，目光凝滞，或者更糟糕的是，他们长满了皱纹和毛发！为了找回自己的孩子，其中一个方法便是让替换儿承认他的真正身份。比如人们可以在火堆上挂起 13 颗橡树果实，并在里面煮水，或者用橡树果的壳斗酿造啤酒。这样的场景会让替换儿惊讶，于是大声喊出诸如“我活了橡树一般的年纪，却从来没有见过在壳斗里酿啤酒”一类的话。他能够说话，证明他不是一个普通的婴儿。暴露之后，他就只能离开。

精灵不是唯一会使用诡计的生灵。你可能听说过多多纳（Dodonne）的神圣橡树，古希腊的祭司曾经利用它们获得神谕。19 世纪的作家雅克·科林·德·布兰西写道，这个史实给了一位英国人灵感。他有一株同种的大橡树，后者被视作具有魔力，因为它的树干能发出叹息。很多来访者不惜花钱一睹奇景。一天，有一个好奇的人想砍伐这棵橡树，好探究到底是怎么回事。橡树的主人不同意，声称住在树中的精灵会杀掉伐木的人。但是那人坚持砍倒了橡树，一截埋在土里的管道暴露了出来。因此，发出声音的并不是什么精灵，而是橡树主人的同伙在管道的另一头呻吟……

人们把收割栓皮（软木）的行为称作采剥。一则葡萄牙的传说记载道，把栓皮剥下来之前，要用工具短暂地敲打树皮，好留出时间让藏在下面的精灵离开。

逐渐消逝的幻影

从前，好几个诺曼底人声称，在一条林间道路上看到过一名奇怪的女子。她待在一棵古橡树的树荫下，向过往的散步者和游客提供座椅。一天晚上，有一个骑马的人压抑住刚开始的惊慌，向那女子走去。然而，随着他逐渐靠近，女子变得越来越模糊，最终消失不见了。难道是照在树皮上的月光制造了这一幻影？

毛地黄

Digitalis purpurea，车前科

有驱逐功效的毒性

植物学知识

两年生大型草本植物，带茸毛。叶片大而软。夏季开花，呈管状（铃状），颜色为紫红，有时为白色，组成长长的穗状。蒴果，内含种子。剧毒，数克即可致死。生长在树林、荆棘丛、田野和山区。

精灵的配饰

毛地黄花朵的形状酷似铃铛，因此它让人产生了很多不同的联想，比如德国人将毛地黄称作Fingerhut，意为“顶针”。他们认为仙女会用这紫红色的工具，以月光为线，来缝制她们半透明的华服。有些人把毛地黄视作仙女的小手套，无论如何都不能采摘它们，以免惹仙女生气。在威尔士郁郁葱葱的山谷中，佩戴毛地黄花的则是半透明的小精灵艾利隆，它们是麦布女王的臣民。人们通常认为精灵会把毛地黄的花冠作为帽子使用。绿衣女郎因为衣服的颜色而得名，她们的衣着唯一别致的地方，是她们会使用另一种颜色的头饰。就像仙女一样，有些绿衣女郎喜欢戴紫红色的毛地黄花。

在阿尔萨斯，毛地黄花是艾尔德维布拉（Erdwibla）的帽子。艾尔德维布拉是一个善良的艾尔夫精灵，居住在地下。她的丈夫也戴着这种帽子，不过是斜着戴的。如果有一天你在森林中迷路了，留意长着毛地黄的地方。运气好的话，你会遇到艾尔德维布拉，她会帮你找到来时的路。不过，要是你遇到的是她的丈夫，那么你得说好话，请求它，说服它指引你。不然的话，它会固执地一声不吭，饶有兴致地等着看你跌倒在地……

从我家里出去！

想要避免恶灵进入家中，你可以采用威尔士居民过去所使用的无害方法。每到5月1日和万圣节的前一天，在地砖的接缝处细细地涂抹一种用毛地黄制成的煎剂。据说效果极佳！

据说，毛地黄的花冠是仙女利用月光，手工缝制的。

休克疗法

毛地黄的毒素是毋庸置疑的，不过你知道吗，它的毒性可能是可以辟邪的。爱尔兰和威尔士人相信能够用毛地黄驱赶替换儿，并且发明了几种方法。最无害的便是把毛地黄放在可疑的孩子身上，或者他的床下。在利特里姆郡（Leintrim），人们建议家长挤压毛地黄，在婴儿的舌头上滴三滴汁液，且在左右耳朵里也各滴三滴。然后把他放在一个铲子上，并架在门槛上轻轻摇晃。如果孩子在当晚死去，那么他一定是仙女的后代，没有什么好伤心的。还有一种方法是，将燕麦粉和毛地黄混合趁热喂给孩子吃，或者让孩子泡在加入了毛地黄的浴水中，甚至让他服下使用 10 片或者 12 片毛地黄叶制成的汤剂。在 19 世纪，有三个孩子死于这样的操作……

犬蔷薇

Rosa canina，蔷薇科

磨人的植物

植物学知识

带刺灌木，可长至三米。树枝较细，带有钩形的刺。复叶有五至七片小叶，边缘为锯齿状。6—7 月开花，白色或粉色，有五片较大的花瓣，组成单一花冠，雄蕊众多。果实为瘦果，外层被红色的蔷薇果包裹，形似椭圆形浆果。生长在树丛中，可做树篱。

保护措施

孩子的降生往往伴随着一系列仪式，例如将脐带埋掉，以避免婴儿被邪恶的生灵视作猎物。在蒙古和西伯利亚，人们会把胎盘埋在蒙古包中火炉后面的土里，因为火焰能够为驱逐邪灵增加一重功效。一些布里亚特人（Bouriate）还会在脐带外面裹上邪灵害怕的东西，例如羊毛团、麦粒、犬蔷薇的花或者叶片，然后把所有东西放进一个小窝棚中，再烧掉。直接留在地上的灰烬本身，则是驱邪的最后一道屏障。三个月后，更加小心谨慎的人会用九枝犬蔷薇树枝做成的小扫帚轻轻地拍打婴儿。这个仪式结束后，萨满将扫帚拆掉，拿出其中的七枝树枝固定在门上，剩下的两枝分开，分别挂在摇篮的两头。

在捷克，尤其是在摩拉维亚（Moravie）地区，人们用带刺的犬蔷薇拍打的不是婴儿，而是替换儿。这样能让冒名顶替者发出尖锐的喊叫，从而引起他的仙女母亲的注意。因为自己的孩子受到虐待，仙女会用被她们掳走的婴儿换回自己的孩子。

什么都不浪费！

哈耶特是藏在树篱里的小仙女，她们喜欢和小孩子一起嬉戏玩耍。她们和睡鼠的关系极好。睡鼠喜欢在荆棘丛里筑窝。最令小仙女开心的事情莫过于在茂盛的犬蔷薇丛中找到睡鼠废弃的窝了。她们会立刻将它变成自己的家。

蔷薇果

大部分的小精灵都喜欢恶作剧。就像皮埃尔·杜布瓦所说的那样，很多小精灵都会把犬蔷薇晒干后的果实做成能引起瘙痒的粉末。你知道是谁把这个方法教给调皮的学生的？是生活在学校院子里的克拉克拉（Cra-Cra）。爱戏弄人的小精灵喜欢自己亲手使用瘙痒粉。在意大利，猥琐的马莎里奥尔（Massariol）会抓住一切机会，把这可怕的粉末撒进美丽姑娘的胸衣里。然后它以舒缓姑娘的瘙痒为由，把手伸进她的衣服里。

在蔷薇果落入调皮的小精灵手里之前，犬蔷薇美丽的花朵让善良的仙女赏心悦目。

尽管听起来很奇怪，教堂是这些精灵最喜爱的游乐场地。它们在不同的国家有不同的名字，在斯堪的纳维亚半岛的教堂,它们的名字是克里姆（Church Grim），在瑞士是奇尔克克里姆（Kyrkogrim），在布列塔尼，就是阿克豪斯科兹克（ArC’Houskezik）。驱使它们的不是信仰，恰恰相反，它们终日折磨神甫和信徒，亵渎着圣神的地方。

只需要在弥撒前往教士的长袍里撒上一点瘙痒粉，它们就会在仪式过程中忍不住狂笑。

蕨类植物

礼品植物

保护性的叶片

斯拉夫民族害怕奇奇莫拉（Kikimora）的恶作剧。她是一种住在家中的精灵，十分丑陋，披散着长发。诺夫哥罗德（Novgorod）省的居民认为她只出现在圣诞节前后，但是大部分俄罗斯人相信她在全年都很活跃，为此他们感到十分遗憾，因为她虽然有时候会十分热衷于做家务，但是也会搞得天翻地覆。既简单又有效地阻止这个讨厌鬼的办法便是，把在森林里采摘的蕨类植物制成煎剂，用它来清洗家里所有的瓶瓶罐罐。

蕨类植物的另一盛名，来自其驱逐女巫或其他恶灵的能力。吉伦特（Gironde）省的居民会把蕨类植物铺在玄关的地上。在弗朗什－孔泰，人们需得在拂晓时领圣餐，之后便不再进食。接着到树林里找一株雄性蕨，在阳光照射到这棵植物之前采摘它。要想保证这种植物的护身符效果，需要将它一直佩戴在身上。

植物学知识

蕨类植物的繁殖不需要借助花或者种子，具有能够传送汁液的维管结构。从根状茎长出杈杈形枝条，并伸展成叶片，通常为复叶。其生殖器官被称作子囊群，内含孢子，往往位于叶片下方。生在树林、花园等地。

惊喜

盛夏时分，在田间劳作的农夫，习惯于将他们的午餐放在茂盛的树篱或灌木丛中，以降低温度。在科唐坦（Cotentin）半岛流传着这样一个故事。有人把一份由面包、黄油和苹果酒组成的午餐放在了一丛蕨类植物旁。当人们专心采拾亚麻的时候，听到了从地

年度大战

在莎士比亚的时代，有一个说法认为欧洲蕨会在夏至前的那天夜晚开花并结果。这个神奇的种子能让手持它的人隐身，因此备受人类以及精灵们的觊觎。传说麦布女王会命令仙女与魔鬼大战，以获得这些珍贵的种子。

在1850—1890年的英国，表现仙女的作品中常常会出现蕨类植物，这证明了人们对它的痴迷。图为克鲁科香克（Cruikshank）的《仙女舞会》（*A fairy dance*）。

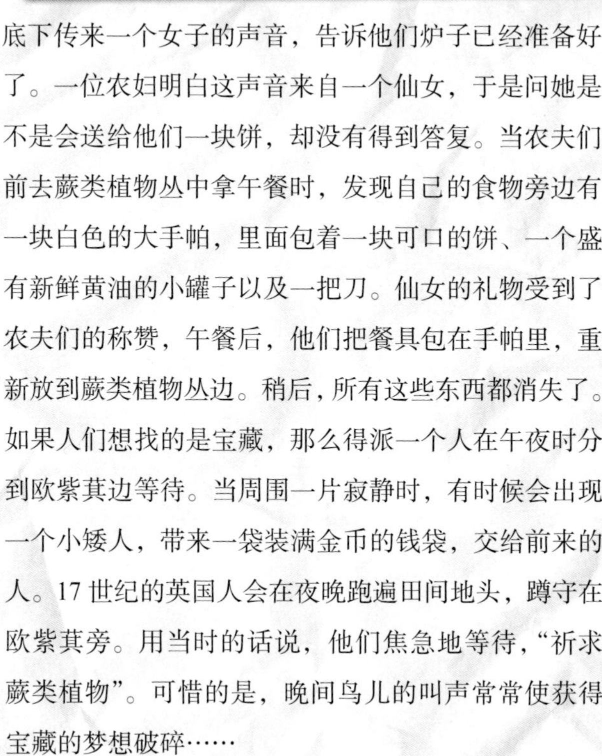

底下传来一个女子的声音，告诉他们炉子已经准备好了。一位农妇明白这声音来自一个仙女，于是问她是不是会送给他们一块饼，却没有得到答复。当农夫们前去蕨类植物丛中拿午餐时，发现自己的食物旁边有一块白色的大手帕，里面包着一块可口的饼、一个盛有新鲜黄油的小罐子以及一把刀。仙女的礼物受到了农夫们的称赞，午餐后，他们把餐具包在手帕里，重新放到蕨类植物丛边。稍后，所有这些东西都消失了。如果人们想找的是宝藏，那么得派一个人在午夜时分到欧紫萁边等待。当周围一片寂静时，有时候会出现一个小矮人，带来一袋装满金币的钱袋，交给前来的人。17世纪的英国人会在夜晚跑遍田间地头，蹲守在欧紫萁旁。用当时的话说，他们焦急地等待，“祈求蕨类植物”。可惜的是，晚间鸟儿的叫声常常使获得宝藏的梦想破碎……

欧洲白蜡树

Fraxinus excelsior，木樨科

宇宙之树

植物学知识

乔木，可长至 40 米高。芽为黑色，清晰可见。叶对生，奇数羽状复叶，由 7—15 片尖尖的叶片组成。花无花瓣，雄蕊成束，为紫红色，随着成熟会变成灰白色，雌雄异株。果实为单翅翅果。生长在树林里，可作为树篱。

女性之树

在日耳曼神话中的宇宙之树尤克特拉希尔（Yggdrasil）下，曾经聚集着诺恩（Norne）。这三位女神决定了世间万物的命运，不管他是人还是神。很久之后，民间信仰想象出了教母仙女的形象，她们会赋予新生儿不同的品质，并且预言他们的未来。诺恩和教母仙女之间的显著联系，使得白蜡树成了仙女之树，后来拓展为所有女性生灵之树。

比如，日耳曼人和瑞典人相信白蜡树仙女阿斯卡弗洛阿（Askafroa）的存在。她是邪恶的精灵，会让折断了白蜡树树枝甚至小细枝的人身染重病，即使他不是故意的。每年在大斋首日（圣灰星期三）的黎明时分，年长者会在白蜡树树根上浇水，祈求它的守护者不要向他们发怒。

在树林中共同生活

北欧人和日耳曼神话都认为，宇宙之树尤克特拉希尔连接着九个世界。在这些世界中，尤其引人注目的是巨人之国约通海姆（Jotunheim）、侏儒之国尼德威阿尔（Nidavellir）、黑暗精灵的国度斯瓦塔尔法海姆（Svartalfheim）和白精灵的国度亚尔夫海姆（Alfheim）。古代的斯堪的纳维亚的诗人将白精灵和光联系在一起。人们尤其会在冬至日，即在日长超过夜长之时敬拜它们。

驱逐不受欢迎之人

在英国的约克郡（Yorkshire）和兰开郡（Lancashire），生活着一种叫博格特（Boggart）的精灵。它是一种家养精灵，十分敏感易怒，如果它在工作之后没有获得每日份的一杯牛奶作为报酬，就会不停地干扰主人睡觉，撕碎主人的衣服，甚至会泄露见不得人的秘密。如果情况失控，主人就得下定决心摆脱这个阴晴不定的仆从。还好，方法很简单，只需要在四处放上一些

遗弃

不同的树都有着自己的精灵，白蜡树就是其中之一。值得说明的是，古希腊神话里提到的梅里阿得斯，指的是花白蜡树（*Fraxinus ornus*）。树精梅里阿得斯能够护佑被抛弃的婴儿，人们会把他们放在树枝下。

用白蜡树制成的物品，就能让它一去不复返。

白蜡树也能驱逐其他的精灵。例如贝里和索洛涅（Sologne）的农夫从来不会忘了在鸡圈里放几枝白蜡树树枝。他们意图驱赶果卡德里耶（Cocadrille），一种传说中的蛇，它能让鸡患上重病。萨默塞特的农场主也相信白蜡树的功效，将它们栽种在放牧的草地里，让诸如女巫一类的邪恶之物远离他们的牲畜。白蜡树也能有效地保护人类不受恶灵侵扰。就像法国人和苏格兰人一样，你可以在5月1日把一枝白蜡树树枝固定在门上，将一根小树枝缝在衣服的卷边内，或者食用烤箱烘烤过的翅果，也可达到同样的效果。

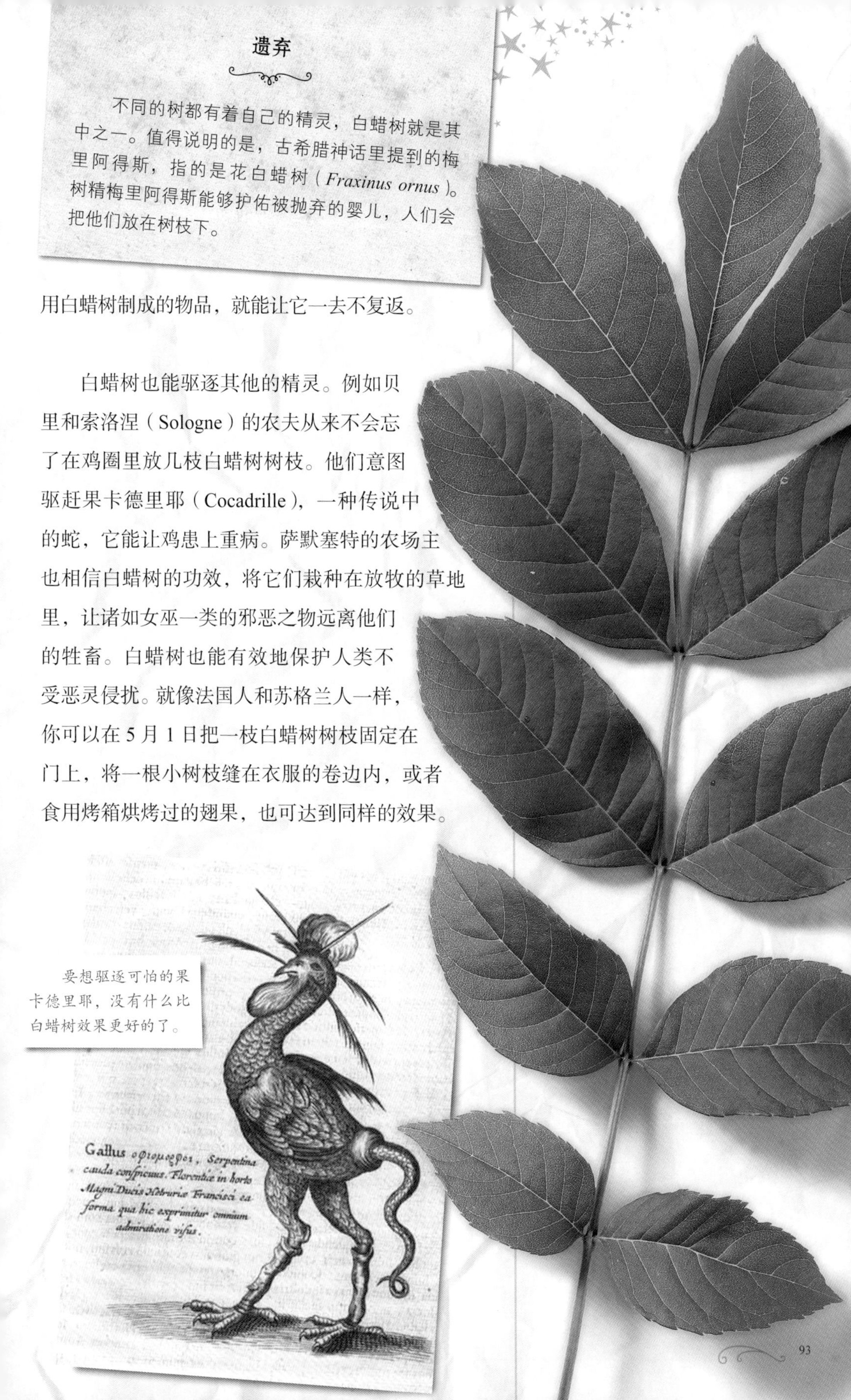

要想驱逐可怕的果卡德里耶，没有什么比白蜡树效果更好的了。

刺柏

Juniperus communis，柏科

守护之树

植物学知识

常绿灌木，可长至4—6米高，树形直立或下垂。柏刺极尖，呈灰绿色，纵向有一条颜色较浅的纹路。5—6月开花，花为黄色，雌雄异株。球果成熟后为蓝黑色，形似浆果。生长在树林、原野和欧石楠丛生之地。

被阻挠的计划

过去，意大利皮斯托亚市（Pistoïa）山区的居民常常会在家里所有的门上悬挂一根刺柏树枝。想要在夜晚潜入做坏事的女巫会忍不住一根一根地数刺柏树枝上的叶子。因为她们老是数错，最终失去耐心，决定在被人看到样貌并认出来之前撤退。

刺柏还能有效地驱赶小偷。从前，当德国人被扒手骚扰的时候，他们会寻求刺柏太太（Frau

调解措施

在斯拉夫民族的信仰中，多莫维依（Domovoï）是一种家养精灵，它既能表现得乐于全心全意效劳，也会变得非常易怒而令人厌烦。要想安抚它，农场主会给它乳香、烟草或者刺柏，它们总能因此努力效劳而重获主人的青睐。

Wachholder）的帮助。她是刺柏精灵，据说其效率比警察还高！方法很简单，把刺柏的一根树枝做成弯曲的形状，放到地上，并用一块石头固定好，然后命令小偷立刻来到此地归还赃物。小偷受到某种超自然力量的影响，只能服从。被偷的东西一旦得以归还，人们便把石头放回原处，让树枝恢复原貌。

把刺柏挂在牲口棚或者马厩的门上，能够驱赶在夜间打扰牲畜休息的精灵。

植物疗法

很多国家的人都相信，人们所遭受的很多感染都是由邪恶的精灵引起的。幸运的是，刺柏能够有效地减弱它们的力量。巴什基尔（Bachkir）的突厥族人深信刺柏球果的效力，把它们放在屋子里的不同地方。爱沙尼亚人为了防止恶灵潜入家中，会在房子的周围种上许多叶片尖锐的刺柏，并用刺柏枝敲打外墙上的裂缝。

在如今白俄罗斯所在的地区，人们曾经也害怕恶灵，会用刺柏堵塞浴室的缝隙。多亏了这种操作，名为巴尼克（Bannik）的恶毒小精灵便不能享受将凉风灌入浴室的乐趣了。在德国的瓦尔德克镇（Waldeck），家里小孩若是生病了，孩子的父母会在一株刺柏树下放上面包和羊毛，并且高声祈求恶灵在用餐之后立即离开。人们希望借此让它们有事可做，将它们的注意力从自己的孩子身上转移走，令孩子痊愈。

植物衣装

在中欧的山区居住着萨摩维利（Samolvili）。这些仙女没有佳偶，尤其喜欢花朵。对于胆敢在神木下昏睡或者践踏她们所爱花朵之人，她们都毫不留情。这些美丽仙女对植物的喜爱，促使她们随时都穿着饰有花冠和刺柏树枝的白色衣裙。

欧洲山毛榉

Fagus sylvatica，山毛榉科

令人悲伤的名声

植物学知识

乔木，可高达30米。树皮光滑，为灰色。落叶木，叶片椭圆，叶缘有细微锯齿，嫩叶有茸毛。黄花，带有些许绿色，雌花成双竖立，雄花组成小球状柔荑花序，雌雄同株。果实外包裹有带刺的壳斗。生长于公园、森林和花园中。

没有源头的声音

在比利牛斯山区、孚日山区、弗朗什－孔泰以及其他地方，山毛榉与仙女密切相关。这种信仰的源头在于山毛榉底部形成的一块圆形且没有叶芽的空间，它不禁让人联想到仙女环。

历史上最有名的山毛榉在香槟省的栋雷米（Domrémy）。山毛榉叫“美丽的五月”，是一棵百年老树，树冠高大，在炎热的天气为人们带去一丝清凉。树边有一股清泉，据说能够治疗高烧。就像村子里的其他姑娘那样，贞德常常把花冠挂在山毛榉的树枝上，并在树下用午餐。但后来这个普通的消遣活动成了控告她的虚假证据。根据14世纪的一种说法，这棵山毛榉里住着仙女，并且她们在树根里埋藏了毒茄参。于是很早之前，基督教教士就已经为这棵树驱过邪了。证据便是在耶稣升天节前三天祈求丰收的祷告仪式上，神甫会前来此处唱诵福音书。然而，迷信毫不费力地跨越了岁月的长河……在1430年贞德受审判之时，她提到曾听说有人在山毛榉树下看到过仙女，但是她自己从来没有遇到过仙女，只是在五年前，在树下听到了有人和她说话。毫无疑问，这个说法加上她之前的供述，将她推向了火刑堆。

魔法咒语

精灵会送给人极好的礼物，即使它们有些时候第一眼看上去貌不惊人。就像仙女教母在森林里把山毛榉叶子放入其教女的围裙里一样。小姑娘遵循了教母的叮嘱，回到家以后才打开围裙，发现叶子都变成了金子！

这株山毛榉的奇特形状与仙女有关吗？未解之谜！

各种同伙

在法国和其他国家的某些地区，山毛榉让人联想到的不是仙女，而是更加阴暗的精灵。比如在贝尔福（Belfort），一个名为“敲打者”（Le Frappeur）的精灵会用全身的重量敲打位于吉罗马尼市（Giromagny）旁的巨大的山毛榉树，来宣告自己的到来。它敲打得极为用力，把树干弄得弯曲变形……

在巴斯克地区，阿拉迈奥（Aramaio）山谷的居民忍受着一个住在山毛榉树上的女巫的敲诈。她叫华纳卡拉（Juanakala），是一个醉醺醺的老婆子，她向农夫乞讨，然后前往酒馆买酒。拒绝给她施舍的人会遭到报复：他的妻子会对他不忠，或者他会生一场大病。

更为奇怪的是斯科拉特。这种居住在山毛榉里的精灵会变幻成各种样貌，比如淋湿的母鸡、猫或者狗。不过不管它变成什么样子，只要它住进农场主家中，农场便会兴旺发达。为了感谢斯科拉特的慷慨相助，那里的人要在窗边放上一碗它最喜爱的食物——黍粥。而另一种叫派克的小精灵爱戏弄人，让散步者迷路。它爱睡在山毛榉枯叶铺成的毯子上。莎士比亚从中获取灵感，让派克小精灵成了《仲夏夜之梦》里的一个角色。

欧洲冬青

Ilex aquifolium，冬青科

褒贬不一

评价不一

当万圣节阴郁地来临并在人们心中吹下灰暗的想法时，当厚厚的云层低沉时，当温度开始下降而不再攀升时，苏格兰的卡亚克博尔（Caillaec Bheur）女巫便从石头里——她整整一年都是这个样子——出来了。女巫的皮肤是蓝色的，她不知疲倦地游荡在山谷中和山林里，并用冬青树枝制成的木棒敲打地面。这种简单的接触便能引发覆盖大地的冰冻和霜雪。

直到5月1日，阳光照亮苏格兰，冬之女巫才同意变回石头的样子，直到秋天。在变形之前，她将木棒扔在荆豆或冬青树丛下，那里将会寸草不生。女巫与带刺的冬青树的密切关系也体现在比利时的马卡勒（Macralle）身上，她们疯狂地迷恋冬青。证据就是在这些女巫的花园里，你只找得到冬青树！

放眼其他国家，并不是所有女巫都对冬青情有独钟。在罗马，当人们手持冬青树枝参加农神节游行时，她们会敬而远之，并且她们也会远离所有附近长有冬青树的房子。

在法国、瑞士和德国，若是人们在圣诞节前夜，在家门口挂了冬青树枝，女巫便不会踏进房子半步。即使最勇敢的女巫也害怕冬青带刺的叶片。

植物学知识

常绿灌木或乔木，可长至10米高。拥有两种类型的叶子，一种为椭圆形全缘叶，另一种有锯齿、带刺，这两种叶片都为绿色，肥厚而有光泽。花有四片白色花瓣，带有紫红色，雌雄异株。浆果为艳红色，冬季不脱落。生长在树林、树篱、矮林中。

爽读！

1907 年，一个调皮的小精灵建议一位爱尔兰农夫用冬青树枝清理他的烟囱。冬青带刺的叶子也许能有效地清除烟囱通道里的煤烟灰，但是这种恶劣的使用方法让喜爱冬青的仙女极为不满。愤怒的仙女让一阵石头雨落在了粗鲁农夫的房子上。面对带来的破坏，农夫汲取了教训，再也没有重蹈覆辙。

倾听的仙女

在遥远的过去，一对老夫妇坐在一棵高大的冬青树下哀叹，他们疲惫的身体需要休息，但他们却不得不通过劳作来获得日常所需。突然从树里钻出来一个可爱小巧的仙女。她头戴冬青花冠，耳朵上挂着红色的小浆果，脖子上戴着一条美丽的浆果项链。这位冬青仙女对老夫妇充满同情，送给了他们一袋装满金币的钱袋，并且钱袋永不会变空。不过，她也提出了一个条件：让他们立刻在巨石柱下埋藏一个罐子，并且永不能将它挖出来，否则他们会重新堕入贫困。两位老人许下承诺，享受着他们富足的生活。然而，就像在所有的童话故事中一样，他们被好奇心战胜，过了一段时间，他们挖出了那个罐子。然后，就像你能想象的那样，他们重新回到贫穷，哀叹不已。

日耳曼人用还带有浆果的冬青树枝装饰家居，以表达对森林精灵的尊重。

常春藤

Hedera helix，五加科

常绿的衣服

植物学知识

❧攀缘或匍匐植物，木质茎。❧常绿，叶片坚韧带有光泽，不结果实的藤上的叶片是分裂状的，会开花的藤上的叶片顶端为较尖的椭圆形。❧花为绿色，有五片花瓣，组成伞状花序。❧浆果小而色黑，成串。❧依靠节之间的攀缘茎攀爬在墙、树干和石块之上。

变形为植物

在威尔士的南部，卡菲力（Caerphilly）的“绿衣女郎”每天都在名为卡菲力的中世纪城堡里游荡。她有时发出凄惨的呻吟，回声甚至蔓延到周围的田地里，令聚集在壁炉边的村民瑟瑟发抖。根据传说，这鬼魂曾经是一位来自法国的公主，她奉命嫁给卡菲力勋爵。当勋爵听说公主心中另有所爱时，将她逐出城堡，再也不愿见到这让他心碎之人。但是公主死后灵魂却回到了她曾经的住所。她永远都穿着绿色的长裙，并且能够变成常春藤，与栖居在断壁残垣上的植物混为一体。

古希腊神话也记载了一则变形的故事，不过这一次与酒神巴克斯（Bacchus）有关。很多作者都提到，酒神的一位名叫喀苏斯（Cissus）的侍从在舞蹈时摔落而死，被酒神变成了常春藤。但是根据英国作者贝阿特里丝·菲尔波茨（Béatrice Phillpotts）的说法，被变形的是一位原本精力充沛的宁芙女神，她一直跳舞直至几乎力竭而死。无论怎样，巴克斯是被名叫倪塞依德斯（Nysiades）的宁芙女神在常春藤叶下抚养长大的，因此他十分依恋这种植物。

绿色的衣装

常春藤能够让人完美地伪装其中。因此，派克小精灵系着常春藤制成的腰带，把叶片别在头发里。和它一样，很多森林精灵也会用常绿的常春藤装扮自己。许多“绿衣女郎”都身着这种伪装，还有树林中的“菲维尔”（Févert）或“绿人”，它们都是自然精灵。绿人的形象经常出现在教堂中的石刻里，它被表现为一张面具，上面长满叶子，这也是将异教形象基督化的做法之一。在亚眠大教堂，人们甚至具体再现了绿人：教会中的一员穿上常春藤叶子做的衣服，在每年 1 月 13 日，也就是圣菲尔明日（saint Firmin），给议事司铎们分发蜡做的小花冠。不过这个仪式在 18 世纪被主教取消了，他认为这仪式过分类似于异教仪式。

仙女的最爱

森林里的仙女喜欢忠实的常春藤，它们装点着在秋天已经掉光叶子的树木的树干，用它们长长的攀缘茎为冷冰冰的地面铺上地毯，带来温暖。因此，汝拉山的仙女常常戴着用常春藤做成的花冠，并在里面装点上小花和雨滴。而居住在罗马尼亚的喀尔巴阡山脉的魔女则喜欢在长满常春藤的林间空地里舞蹈嬉戏。

Lierre Parapluie, par M. Rousset. — Dessin de A. de Bar.

这样的植物挂毯一定能隐藏很多精灵！

贯叶连翘

Hyperican perforatum，金丝桃科

很多优势

奇妙的草药

很多文明都推崇贯叶连翘的药性，即使经历数个世纪，它的名声也依旧不减。人们也将贯叶连翘视作驱邪的宝贵护身符。这个信仰有多个源头。

基督教传统认为，贯叶连翘诞生自施洗约翰被希律王斩首时流下的血液。因此，人们常常称贯叶连翘为圣约翰草。贯叶连翘的叶片被摩擦后会散发出类似乳香的气味，这也加强了它的圣神意味。希腊人会将贯叶连翘的茎挂在圣像上以驱邪，因为其花朵为金黄色，而它开花的时间接近夏至，所以贯叶连翘同时也成了太阳的象征。拥有这些象征意义的贯叶连翘，能够驱逐使人阴郁的恶灵，还能使巫师和邪恶的仙女远离。欧洲人相信后者会让人浑身瘙痒，导致痉挛和岔气。贯叶连翘能使这些症状立刻消失。

植物学知识

多年生草本植物。茎上有两条纹路。叶片为椭圆形，在边缘有透明的小点，实际上是有分泌作用的囊，内含精油。夏季开花，色黄，有五片花瓣，尖萼片。蒴果内含有种子。生长在路边、草地、山坡上。

人们会在部分特殊的日子使用贯叶连翘，比如在圣约翰日的前一天晚上，将其叶片

放在枕头下，能避免噩梦，驱赶其他干扰睡眠的邪灵。在同一天，加尔省（Gard）的居民会把混合了贯叶连翘和薄荷的花束挂在屋中，让巫师远离此地。万圣节那天午夜时采摘的贯叶连翘，能保护人不受任何恶灵的侵扰。

不是每个人都有运气看到一位仙女俯身在自家的摇篮上。在法国的某些地区，过去人们会在婴儿受洗后，将贯叶连翘放在他的摇篮里，以驱赶不怀好意的精灵。

不同信仰的混合

基督教使出了浑身解数消灭异教仪式，当它无法简单粗暴地摧毁异教象征物时，不惜转化它们，赋予它们基督教的神圣意义。施洗约翰的生平故事便是如此。根据基督教传统，施洗约翰出生于 6 月 21 日，即夏至日，这一天开启了植物蓬勃生长的夏季。施洗约翰后来前往沙漠隐修，只以野生植物为食。因此，中世纪的基督徒将施洗约翰及象征着自然、富足的“绿人”联系在一起。

古人们曾经在基督教和异教之间持犹豫态度，这并不难理解。折中办法便是在两者中各取一些。比如瑞士的一种迷信观点，建议人们在孩子的床垫下放上贯叶连翘，以远离名为托格勒（Toggle）的女性小精灵。要想保证这个操作的效果，还需要祈祷圣阿加特（sainte Agathe），并且让孩子在脖子上挂一袋活着的鼠妇（潮虫）……

骑着马

夜晚是实施魔法的好时机，那些白天看着普通而无害的东西在太阳落山后可能变成另外一个样子。贯叶连翘便是如此。如果你踩到了贯叶连翘，即使不是故意的，即使仅仅是掠过而已，你也会倒霉地发现自己坐在了一匹魔马上。它会一直疯狂地奔跑，直到破晓，让你精疲力竭。

苔藓

潮湿的住所

难以察觉的精灵

在肥嫩而柔和、露水滑动其间的苔藓中，生活着极小的生灵。在法国北部省份工作的伐木工有时候能瞥见苔藓仙女。但是在德国，人们声称在苔藓边看到过男男女女，既有孩子也有成人。它们的身体上布满了苔藓，而头发则像树枝上的青苔。它们脸色发灰，早早地显露出老相。这也许和它们潮湿的生活环境有关系。

其他精灵也会用苔藓打扮自己，不过最好不要碰见它们！比如在路易斯安那的沼泽里游荡的“作恶老爹”。要想消灭这个杀人狂，必须将一枝生长于当地的树木的树根插入它的心脏。斯拉夫人则需要解决和伏地阿诺（Vodianoï）的争端。伏地阿诺占据了湖泊和磨坊的水闸。要想和和气气地与这邪恶的精灵和解，需要将鸡作为祭品送给它。不过19世纪的一些波兰磨坊主尤其害怕被淹死，或者看到自己的生意衰败，所以会毫不犹豫地把一名流浪者推入水中……

植物学知识

❧没有维管组织（没有运送汁液的组织）。❧没有根，但是假根能让它们附着在土层上。❧绿色的叶片或叶状体像地毯一般铺展开。❧通过释放在水中的孢子繁殖。❧生长在各种地方：地面、树干、岩石、墙，生长环境潮湿。

每个人都有自己的任务

苔藓精灵特别在意植物的生长，所以全年都会进行各种工作。春天，小小的奥莉叶特（Auriette）仙女会听从花神的指令，帮助嫩芽萌发。在德国和奥地利的花园里，霍耶曼伦（Hojemannlen）会花时间照

在欧洲的好些地方，天空中都会有野蛮的狩猎活动。

用于防卫的十字架

苔藓精灵有一个可怕的敌人：野猎人（Wild Huntsman），它会在每个暴风雨的夜晚围捕它们。保护苔藓精灵的一个简单而有效的办法是，在树干上刻三个十字架，让此处成为它们的庇护所。苔藓精灵会永远感激你。

看各种植物。在树林的阴影下，慕斯维布辰（Moosweibchen）给树根穿上自己精心织成的苔藓。如果你对它友好，你将会获得一件用柔软的青苔织成的衣服作为回报。苔藓精灵往往对人类都很友好。它们的慷慨帮助包括赠送用植物做成的药物。不过，你若是破坏小树的话，则会遭到它们的报复，因为它们是小树的狂热守护者。

犯罪的形迹

对于过去的苏格兰农夫而言，如果在一头死去的奶牛身体里发现了一团苔藓，就说明这头牲畜是被射手（elf-shot）精灵杀死的。艾尔夫精灵射出的箭头能够导致极大的痛苦，并且可以致死。据说 17 世纪时，居住在苏格兰的罗伯特·柯尔克牧师就是被这战无不胜的箭头杀死的，因为他声称遇到过很多次精灵，并肆无忌惮地泄露了它们的秘密。

从古老的石棺上取下的苔藓，据说能够有效对抗恶灵。卡雷莱通布（Quarré-les-Tombes，tombe 即棺材的意思。——译注）的苔藓应该效果卓著，尤其是当地还有一个美妙的名字叫“仙女石”（Roche-aux-fées）的岩石区。

芸薹

Brassica rapa，十字花科

老式照明法

植物学知识

两年生草本植物，但通常作为一年生植物栽培。叶片竖直，呈绿色或灰绿色，莲座叶丛。第二年开花，色黄，有四片花瓣，总状花序。果实为长角果，瘦长。其根可作为蔬菜食用，根据不同品种可为长条形或球形，它有多种颜色，如白色、黑色、泛红色或含两种颜色。

欢迎帮忙

住在地底的精灵可以直接收获芸薹而不用将它们拔起来。对于极其爱吃这种蔬菜的精灵来说，真是方便极了！幸运的是，布朗尼（Brownie）精灵愿意用它们的服务换取一碗鲜牛奶。农场主会在晚上敞开存放芸薹的仓库大门，好让这些精灵把芸薹捆在一起，并放在一个袋子中。早上便少了一项任务！

黑夜中的光

很早以前，万圣节（Halloween）前夜，也就是10月31日晚还没有与庆祝诸圣有关，还没有与四处讨要糖果的孩子以及狰狞的南瓜灯联系起来，它是凯尔特新年的第一天。在夏末节（Samain）的这天晚上，生者和死者的边界消失，德鲁伊教祭司会点燃炭火驱赶恶灵，请求日光重新回到这里。前来聚会的每个家庭都会带回一根燃烧的木头，用以在家中点起新的炉火。

杰克灯笼（Jack O'Lantern）的传说可能来自这个凯尔特传统。在他死的那天，爱尔兰老酒鬼杰克成功地骗过了想要带走他灵魂的魔鬼。他逃脱了地狱的折磨，却因生前的日子过得乱七八糟而不能进入天堂。他在夜晚游荡，寻求回到人间的路。魔鬼突然难得施一回慷慨给了他一个放在芸薹里的火种为他照明。从此，杰克借助灯笼里的微光，在四处走来走去，没有目的也没有方向。爱尔兰人在移居美国后，带去了这个传说以及与之相关的仪式。在很多国家，南瓜很快便代替了芸薹。

数完数再结婚

在西里西亚（Silésie）的一座山的山顶上，有一座巨大的城堡，里面住着巨人鲁别扎尔（Rübezahl）。

如此大的芸薹，一定是善良的仙女做了贡献。

他全天都望着他所种的占地数公亩的芸薹，并试图得到确切的芸薹的数目。他因此获得了“数芸薹者”的绰号，不过他难以忍受这个称号，会毫不留情地鞭打如此称呼他的人。

他有一根魔杖，可以用它把芸薹变成各种各样的东西，不过，变化不能持久。一旦芸薹干枯，住在里面的精灵就会消失，幻象也会随之消失。当被他掳走的公主发现这个可悲的事实后，她想出了一个逃跑并和未婚夫会合的计策。她让鲁别扎尔一个一个地数田里的芸薹，让它们做婚礼的见证人。被幸福冲昏了头脑的巨人立刻跑到菜园边开始工作。但是他因婚约过于兴奋，不得不好几次重新开始计数，好不容易才得到了最终数字。然而，在他努力计数的同时，公主将一个芸薹变成了一匹烈马，溜了出去并找到了自己的爱人。鲁别扎尔愤怒不已，摧毁了城堡，一头扎进了深渊。

欧洲榛

Corylus avellana，桦木科

魔法饰物

充满了资源

榛子树对仙女而言是十分珍贵的植物，榛果有多种用途。掏空以后，榛果可以成为极富魅力的小彩车。莎士比亚在《罗密欧与朱丽叶》中描写麦布女王的马车时，便从中汲取了灵感。每天晚上，麦布女王会坐进一个被松鼠掏空并制作成马车的榛子里，这个松鼠自很早之前就包揽了木工活。仙女也会用榛子坚硬的外壳制作小箱子，在里面放上她们的纱裙。裙子十分轻柔，只会占用很少的地方。

当然，仙女最有名的道具是她们用榛木制成的魔杖。谁不曾梦想拥有一个这样的东西呢？一个古老的信仰认为，每棵榛树都有一根枝条会在圣诞夜变成金子。在午夜的 12 响钟声的间隙采摘下这根枝条的人，就会获得与仙女的魔杖一样充满魔法的棍子！利用它，检测埋藏在地下的宝藏、金矿或宝石矿，就像小孩子过家家一样简单。

植物学知识

灌木，可长至六米高。叶片大，为椭圆形，顶端较尖，带有茸毛。雌花组成竖立的穗状花序，柱头为红色，雄花为黄色，组成垂落的柔荑花序，雌雄同株。榛果为圆形，包裹在叶状的总苞之中。可作为树篱，生长在树林和花园中。

仙女的地盘

在位于阿登省的七时山（Roche à Sept Heures）的山顶，人们能俯瞰蒙泰梅市（Monthermé）以及墨兹河（Meuse）河湾的美景。在七时山的山下，墨兹

一个中空的榛子表明女巫曾往上面吐了一口唾沫……除非它是被象鼻虫光顾过。

河的河床上，生活着一条会施魔法的欧鲌。它只在下午茶的时间出现。只有穿着短裤的垂钓者有机会逮到它，不过必须使用榛木制成的、没有鱼钩的鱼竿。抓住欧鲌的孩子只能享有几秒钟的胜利喜悦，因为他们将猎物放进筐子的一刹那，它就会消失不见，重新回到水里！还有另外一个地方，魔法已经很久没有被使用了。过去，在上索恩省的沃多瓦（Vaudois）山上，人们能够听到树木摇动的嘎吱声。根据民间传说，是榛树精演奏了这奇怪的乐曲，乐曲深受绿衣女郎的喜爱。忧伤的乐曲也拨动着人的心弦，有人听着听着会不禁落下泪水。但是1874年，人们在山上修建了一个堡垒，榛子精便不再发出任何声响……

热情的礼物

罗马尼亚的农夫总会留心向仙女表达尊敬。她们十分慷慨，保证收成和奶牛的产奶量。每个星期三的晚上和星期四的早晨，15岁以下的孩子会在牲口棚边放上面包和水，以供仙女们享用。然后，他们在贡品边焚烧几枝榛树或枫树的树枝，为他们可爱的好心人取暖。

魔法圈

如果在一个没有月光的昏暗夜晚，你不得不离开温暖的床铺走出家门，并且感觉到有恶灵在身边转圈，那么就请立刻用榛子树枝在地上画一个圆圈，然后走到里面。任何邪恶的力量都不再能伤害你。

胡桃

Juglans regia，胡桃科

装得满满的壳子

多种用途

在充满泥沼和淤泥的地方，在死水漫过土地的地方，只有青蛙和蟾蜍的鸣叫能打破宁静。狩猎者或散步者走进此令人作呕之处，无所顾忌，以为自己是唯一在此地的人，殊不知数十双眼睛正等着他们出差错……溺人怪躲在芦苇丛中，小心翼翼地在空中转动它们的“蛙”。这种能发出声音的器物是一根棍子，其一端由一根马鬃毛连着半块裹有羊皮纸的胡桃壳，它虽然简单，但威力极大。嗜血的精怪用它将过路者带到恶臭的水域，靠它进行沟通，增加得手的机会……

胡桃壳可以给我们带来危险，使用得当也能为我们带来好处。当仙女掳走人类的婴儿并替换成自己的孩子时，胡桃壳便派得上用场了。据说，在普瓦图省，一个三岁的小孩既不会说话，也不会走路，人们怀疑他是仙女的孩子。在女邻居的建议下，孩子的母亲在壁炉前放了大量的胡桃壳，并在每个胡桃壳上放了一根小树枝，做成勺子的模样。当睡在摇篮里的小东西看到它们时，忍不住喊道：“我活了一百多岁了，还从来没看到过那么多炖菜锅和它们的小勺子。”于是，

植物学知识

乔木，可长至30米高。羽状复叶，落叶木，叶片带有香味。花偏黄色，雌花组成竖立的小型穗状花序，雄花组成垂落的柔荑花序。木质的果壳包裹了核桃肉，外围是肉质的绿色外壳（青果皮）。可栽种于树篱、果园、公园和花园中。法国也种有多种亚洲和北美洲的胡桃品种。

身份暴露的替换儿决定离开这家人。

别碰

在果园和胡桃林里，精灵会严加看守，防止没耐心的小孩在果实成熟前就把它们摘走。英国约克郡的小孩会碰到查缪克派格（Chummilk Peg），一个穿着中世纪服饰，懒散地抽着烟的女性精灵。在北欧，它对应了一个男性精灵——梅尔施迪克（Melch Dick），它扮演着同样的角色。它们会惩罚淘气鬼，让他们胃痉挛或者胀气。尽管它们懒惰、年纪大，还得了关节炎，它们会毫不留情地追赶偷胡桃的孩子。在法国，酷爱青胡桃的仙女会让偷盗的孩子长口疮。

专属礼物

仙女常常把胡桃壳用作小床，漂在水上的小船，或者存放金线和珠子的可爱的小针线盒。会纺织的小仙女也可能从胡桃里冒出来。她们也将胡桃作为贵重的礼物，却只送给有教养并乐于助人的年轻男子。只要她们开口，胡桃壳就能变成船、盛满金子的箱子，以及各种想要的东西。

不过，精灵世界的事情总是不简单，根据一种说法，吃了成熟的胡桃可能招致更大的不幸！胡桃是邪恶的小精灵的庇护所。它们连同果实被吞下后，会控制食用者的神志，逼着他做坏事。千万不要把胡桃壳随手扔掉！传说女巫会捡起它们，以便更好地把疾病传染给你……

“胡桃里面有什么？”这个问题要问果园精灵，它们肯定知道答案。

眼药膏

这是一个能让你看到仙女的古老方子。在一个研钵中放入一大勺胡桃油、盐、一撮报春花、三个蜀葵骨朵儿、三个金盏花骨朵儿、三朵胡桃花、一点百里香和一点在仙女环里摘的草。捣碎所有的东西，并把得到的油膏放入用玫瑰水清洗过的杯子里。放在阳光下静置三天。只要涂抹一点药膏在眉毛上，就能看到仙女。

永远的宁芙女神

神话中，神和精灵经常会相遇。例如酒神巴克斯和宁芙女神卡律埃（Carya）之间的爱情故事。卡律埃是国王迪翁（Dion）的小女儿。她的两个姐姐妒火中烧，向父亲告发了这段关系。当酒神获知他被告发时，愤怒不已，把两个长舌妇变成了石头。哎，卡律埃也突然死去，人们认为是悲伤将她带到了另一个世界。巴克斯悲痛欲绝，将他的爱人变成了胡桃树。

月神戴安娜告诉了国王的臣民这则悲伤的消息，人们后来修建了一座神殿，其立柱为女子的形象，便是用胡桃木雕刻而成的。为了纪念死去的宁芙女神，人们从此将这种女像柱称为“卡律埃缇得”（caryatide）。

糟糕的名声

欧洲的好几个传统信仰，都认为胡桃树会吸引邪恶的精灵。意大利的贝内文托（Benevento）尤其如此。12 和 13 世纪时，那不勒斯的女巫加纳拉（Janara）会

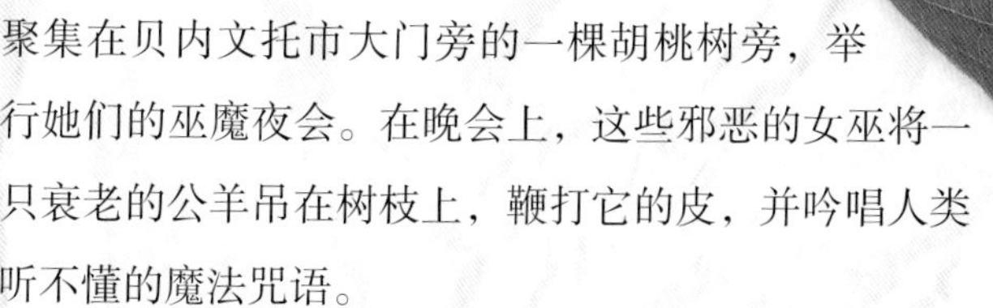

聚集在贝内文托市大门旁的一棵胡桃树旁，举行她们的巫魔夜会。在晚会上，这些邪恶的女巫将一只衰老的公羊吊在树枝上，鞭打它的皮，并吟唱人类听不懂的魔法咒语。

在亚美尼亚，热衷此事的不是女巫，而是卡其（Kache）精灵。它们住在山上或山谷中，喜欢躺在胡桃树的阴影下。有些人害怕招来这些反复无常、令人心忧的精灵，不敢在自己的领地里栽种胡桃树。

如果遇到一颗有三个壁的胡桃，一定要留下：这种胡桃十分少见，是能够辟邪的绝佳护身符。

土豆

Solanum tuberosum，茄科

陷入危险的块茎

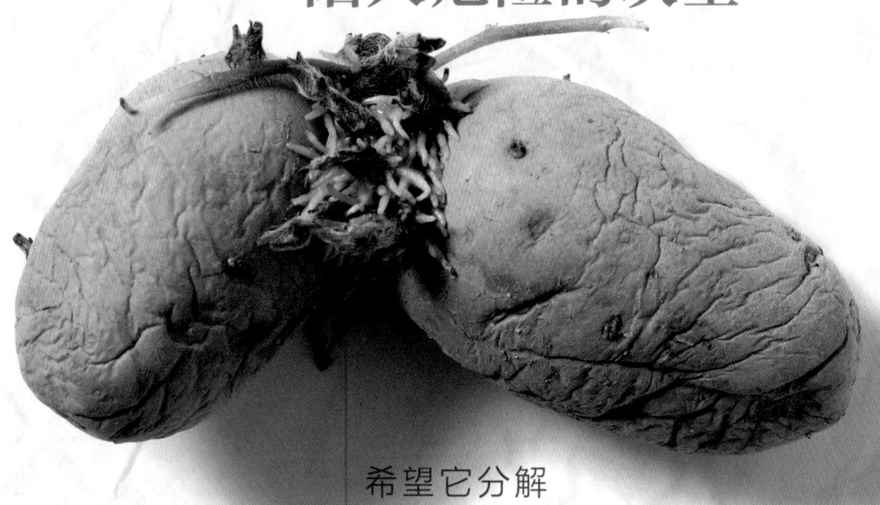

希望它分解

在德国，栽种土豆的田地间有时会迎来貌似狼人的精灵，它们便是“土豆人”（Erdäpfelmann），也被称作“土豆狼”（Kartoffelwolf）。这种邪恶的精灵会攻击落单的农夫，有时则会用它锋利的爪子刨开土壤，让土豆死于它呼出的恶臭气息之下。为了对抗它毁灭性的攻击，农场的用人在每次收成结束之后，会用干草按土豆人的样子制作一个模特。他们随后把干草模特带到农场主处。农场主在放火烧毁它时高呼：

“我们携土豆人到此
它无法在如此寒冷潮湿的田间里饱食
它想饱尝猪膘和薄饼。”

当土豆人看到人们是如何对待它的模特时，便会离去，再也不回来。

植物学知识

草本植物，形态竖立，因其块茎而有数年寿命。有地上茎和地下茎（长节蔓，带有可供食用的块茎）。复叶，小型和大型叶片互生。单一螺旋状聚伞花序。浆果可有多种颜色。原产自南美洲，在法国大量种植。

放在储藏室里的土豆并没有远离精灵的骚扰。在爱尔兰，“灰人”或者法里阿特（Far Liath）只要一碰到土豆，就能让它瞬间腐烂。它常常以浓雾的样貌出现。为了驱赶这精灵，农夫会在土豆堆旁放上一个十字架，或是一块刻有宗教内容的牌子。如果主教事先已为这些物品赐过福，那么保护的效力会更好。在上索恩省，伊伍通（Iouton）干着同样的坏事。这些小精灵会变成黑色公山羊的样子，用两条后腿走路。它们会惩罚懒惰的农人，让他们储藏的土豆腐烂。

作为球使用的块茎

在阿尔萨斯，名叫艾尔德维布拉的艾尔夫精灵热衷于网球比赛。不过，它们之前用的栗子或是梧桐果并不适合这项运动。栗子对它们的小身板来说太重了，而梧桐果则会刺激它们柔嫩的肌肤。它们为发现土豆的小浆果而非常高兴，并且把一整块地里的土豆浆果都挖走了。田地的主人并不生气，因为他发现块茎长得更好了！

隐姓埋名

塔蒂博格勒（Tatty Bogle）是生活在苏格兰的百变小精灵，它喜欢惊吓那些在土豆田里耕种、劳作的农夫，并且捣毁他们的田地。在苏格兰和英格兰的某些地方，它们的名字意为“稻草人”。如果告诉你它经常变作稻草人的样子好让自己不被发现，你一定不会感到惊讶。

LE BOURBONNAIS

REPUBLIQUE FRANCAISE 5c POSTES

3074 Les Pommes de Terre

De mille façons grand'mère les arrange. On s'en lasse jamais, et toujours savoureuses, qu'elles soient au « lard » ou à la « Mincolle ».

削土豆不是件好玩儿的差事，不过值得欣慰的是，在布列塔尼的罗斯科夫镇（Roscoff），只要把削下的皮拿一点给克里科（Corriked），就能拴住这种小精灵为你干家务活。

苹果树

Malus pumila，蔷薇科

永生树

冲向小偷

在大不列颠的果园里，最老的苹果树深受果园主人的尊敬。在这棵树里住着“苹果树人”（Apple tree man），它守卫着周围的果树，保证其丰产。

要想每年都获得丰收，传统的做法是在主显节那一天，带着苹果酒和烤苹果来到古树前。举杯祝福善良的苹果树人身体健康，然后把剩下的饮料倒在苹果树的树根上。有时候，仪式会以向空中开枪结束，这样能使前来霸占树枝的女巫害怕而逃走。要记住的是，如果在下一次采摘时，忘记了把最后一个苹果留在树上给苹果树人，那么人们的一切努力都是白费了。

植物学知识

乔木，可长至15米高。落叶木，叶片被短柔毛覆盖。与野苹果树（Malus sylvestris）相反，栽培的品种树枝无刺。果实为绿色、黄色或红色。原产亚洲。可作为树篱，生长在树林、花园、果园中。在全世界皆大量种植，有至少两万个品种。

而且，还需要控制自己的口腹之欲。孩子很难做到！也许正因为如此，英国的民俗里有两个苹果树守卫，它们专门关注孩子的行为。比如生活在萨默塞特的小马皮克西（Colt-pixie）。这个小精灵有着小马的样貌，会疯狂地攻击偷苹果的人。约克郡的阿德·戈吉（Awd goggie）心胸更宽广一些，只会保护青色的果实。

阴森可怕的游戏

在英格兰的部分地方，“老罗杰”（Old Roger）是苹果树的守护者，人们可以通过它红红的脸颊认出它。一个儿童的游戏把这个传说和凯尔特人的习俗联系起来。这个习俗要求人们在坟墓附近栽种苹果树，好指引灵魂前往天堂。在游戏中，两个参与者站着，其他所有人都围坐在一个孩子周围，他扮演一位名叫老罗杰的死者。站着的两个人则分别代表苹果树和捡苹果的老妇人。老罗杰守护果树，追赶偷果子的老妇人，想把她打晕。如果她被抓住的话，就需要倒地，然后接替扮演死者。

法图维尔的老好人

在勒阿弗尔（Le Havre）附近，法图维尔（Fatouville）边上，曾经有一棵很大的苹果树，它的所有树枝都朝向树干弯曲，除了有一根像手臂一般展开，似乎指着地平线上的某一点。苹果树奇特的形态和下文的这则传说有关。在18世纪，塞纳河突然改道，使航行者不得不加倍小心，以免撞上沙洲。一个退休的水手十分熟悉这一带河道，每天都会跑到岸边指引往来船只。一天，老人感到自己大限将至，请求上帝为他找到一位继任者。这时，他的拐杖生根了，越来越大，变成了一株美丽的苹果树，它的形态让人联想到水手。就像灯塔一般，这株苹果树长期作为参照物指引着水手。当地的居民一直照料着它。

巴兰德劳山仙子（Dauna du Balandraou）是住在比利牛斯省阿热莱斯-加佐斯特（Argelès-Gazost）附近的仙女，她会送给年轻男子金苹果和她果树上的树枝，以保守他们永生。

黄花九轮草

Primula veris，报春花科

钥匙花

植物学知识

小型多年生草本植物，有茸毛。叶片从茎下方长出，为长长的椭圆形。花有五片花瓣，黄色，中心偏橙色，带有香味，组成倾斜的花簇。生长在草地、森林、花园中。与其他种类的报春花特征相似，花的颜色有黄色、粉色、紫红色等，相互间可杂交。

源于天上

根据传说，黄花九轮草的花朵正是被圣彼得不当心丢失的打开天堂的钥匙，不过不要相信这种说法。在精灵界流传着另外一个故事。曾经，在天上发生了一场激烈的战斗，对立双方是夹雪的骤雨和试图保护地面上的植物的光之精灵。善战胜了恶，一条美丽的彩虹出现在天空，以庆祝这场胜利。在场的花神非常欣赏这一景色，俯身想看得更清楚一些。但她却跌落了自己看管的精灵花园的钥匙。当钥匙落到地面上时，它生出了根，长成了黄花九轮草，春天第一个开花的植物。

在精灵的国度

吃了黄花九轮草，人们就能看到平时不可见的精灵。就像英国萨默塞特的一位年轻姑娘所经历的那样，采上 13 朵花，便能使仙女现身。仙女们十分迷人，给了姑娘很多礼物，并帮她找到回家的路。一个年老的投机者得知了这个故事，也想碰碰运气，于是也去采了黄花九轮草。不过他采的数量不对，人们便再也没有见到过他……

数字 13 和黄花九轮草之间有一种说不清道不明的关系。还有一种说法是，如果人们用 13 朵花组成的花束敲打一块魔法石，精灵世界的大门就会打开，

让人可以窥见里面神奇的宝藏。在德国，黄花九轮草可以带领人们进入魔法世界，在那里，金子和宝石被放在罐子里，上面铺满了这种花。拿走宝藏后，一定要小心翼翼地重新把花放回去，否则，一只黑狗就会一直跟着偷宝藏的人，直到他死去。

转瞬即逝的花球

过去的孩子知道如何用黄花九轮草编制花球。它们在法国被称作樱草球，只是拿来玩耍的东西。然而在英国，它们还有其他功用：保护仙女。因此每年人们会将花球挂在房屋和牲口棚的门上。

恋爱的精灵

从前，一个年轻人每天在山上割草喂马。他身处大自然中，十分高兴，总是用美丽的嗓音哼唱各种歌曲。

一天晚上，一名美丽的女郎敲开了他的门，请求他让她在此住一晚。年轻人想要拒绝，他说自己不会做饭，不能很好地招待她。女郎回答说自己能做饭。于是，她住了下来，几天后，他们幸福地结婚了。然而，一天，年轻的丈夫从山上归来，给妻子看他割草时采下的黄花九轮草。看到花后，妻子瘫倒在地，告诉丈夫自己其实便是花魂。她因听到他的歌声而爱上了他，于是化作人形与他成婚。她刚说完这句话便断了气，像花一般凋零了。

英国人很喜欢黄花九轮草，它的一个英语名字意为“仙女的杯子”。在萨默塞特，人们相信把13朵黄花九轮草挂在婴儿床上，就能防止仙女掳走婴孩。

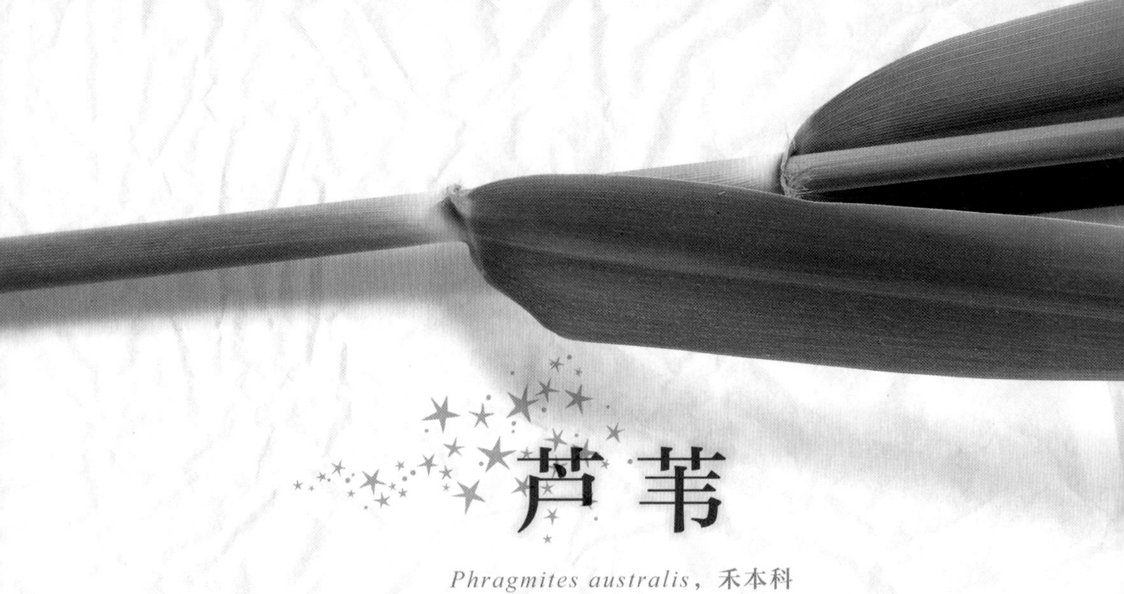

芦苇

Phragmites australis，禾本科

声乐植物

植物学知识

大型草本植物，可长至1—4米高。茎直立而脆弱。叶片窄而长。小穗状花组成类似羽毛掸子的形状，生长在茎末端。主要靠根状茎繁殖，地下茎为匍匐生长的。大片生长，形成芦苇丛，分布在水塘、小溪边，或潮湿的草地里。

魔笛

在阿卡迪亚（Arcadie）白雪皑皑的山峰脚下，曾经住着一位名叫绪林克斯（Syrinx）的宁芙女神。她的优雅和美貌招来了萨堤尔和诸神的觊觎，不过她总是能成功逃脱他们想拥她入怀的企图。然而，不幸的一天到来了，命运让绪林克斯和潘神相遇。潘是半人半羊的神，牧羊人和羊群的守护者，贪婪而固执。他因宁芙女神拒绝他的爱意而气恼，紧逼之下绪林克斯只得逃跑。当她跑到拉冬河（Ladon）前时，心跳都快停了，因为河水构成了无法跨越的障碍。于是，她请求水神把她变成一株植物。在绪林克斯窈窕身影所在的地方，潘只抓住了一把芦苇，他抱住它们，企图嗅到一点宁芙女神的香味……他悲伤的叹息吹入芦苇中空的茎干中，发出了轻微而伤感的声响。潘神为此乐声着迷，用芦苇做成了一个乐器以纪念绪林克斯。潘神的笛子就是如此诞生的。

人们也用芦苇制作芦笛。这种乐器更为简单，但其发出的声响却十分厉害。对于盖尔人（Gael）——他们是凯尔特人的一支——而言，晚间在路上或是在悬崖边听到芦笛的声音，就意味着让人担忧的“黑暗愚人”（Amadan Dubh）现身了。仅仅是与一个人擦身而过，黑暗愚人便能让他失忆、毁容或者瘫痪……

无法抗拒的睡意

当夜晚用她暗色的斗篷遮住屋顶时，家长便会无可避免地放松警惕。幸运的是，精灵会继续守护婴儿的安眠。在芬兰，梦游的孩子有着一位名叫“睡马蒂”（Nukku Matti）的守护天使。这位有着上千岁高龄的老者将自己隐藏在位于波的尼亚湾（Botnie）中央的菲亚德霍尔姆（Fjäderhölm）群岛的芦苇丛中。它永远都在雾气之下，用它长长的钓竿拉回那些无法从睡梦中醒来的孩子。

可怕的口粮

大家都知道阿拉丁神灯，但是西班牙的“小动物”（Animalito）就没那么有名了。这种小东西长着蜥蜴的头和蛇的身体，人们一旦抓住它，就会把它放进芦苇秆中，并用塞子塞好。它能够满足主人的所有愿望，但是，如果主人不能每隔 24 小时就喂给它没有受洗过的孩子的肉，那么就要用自己的身躯饲喂它，否则就会被魔鬼带走……

永恒的美餐

淡水是水精的地盘。水精是有着人形的精灵，在部分地区，它们有着鱼的尾巴。女性水精会用美妙的歌声把年轻男子勾引到水下。不过在罗马尼亚，人们更加关注的是它们的厨艺。在这里，水精会躲在芦苇丛中，并在有时候送给人类一种神奇的、永远不会减少的面包。

银冷杉

Abies alba，松科

美妙的圣诞节

如何砍伐冷杉

过去，圣诞节来临之时，每个山区的居民都会跑遍森林，寻找一棵漂亮的冷杉做圣诞树，在树下摆放年终礼物。有些人考虑到树木后期的存活，会将它连根拔起而不是砍倒，这样，节日过后他们可以把冷杉种在花园里，给它重生的机会。不过，俄罗斯人和德国人会粗鲁地从树干底端砍倒冷杉，因为根据这两个国家的传统，冷杉的树干里可能住着艾尔夫精灵，因此连根拔出会伤害精灵，还会让自己和它一起受苦，一起变得脆弱。传说，一个农妇不知道这个道理，做了不可挽回的错事。在受到了几天的折磨后，她和艾尔夫精灵一同死去。

植物学知识

❧ 大型乔木，金字塔形态，高可超过 60 米。❧ 鱼鳞状树皮，含树脂。❧ 叶片为绿色单叶，针形，常绿。❧ 木质球果，雌雄同株，苞片长度超过鳞叶。❧ 山区品种，在欧洲被大量用于林业。

很多国家的迷信中都涉及与连根拔起树木有关的内容。比如在瑞士和奥地利的蒂罗尔州（Tyrol）的民俗传统中，森林精灵的手上就拿着一棵连根拔起的冷杉。它生活在冷杉树中，尤其喜爱老树。如果伐木工砍伐一棵住着精灵的冷杉树，精灵就会发出呻吟，并且请求工人放过它的住所。

敏锐的眼光

很久很久以前，一位著名的名叫吕洞宾的道士前往一个道观，他在路上碰到的所有人都没有认出他。他感到有些伤心，这时，他看到一位老者从附近的一棵冷杉上爬下来，走向他。老者自称是树精，为能够迎接吕洞宾这样的高人感到荣幸。吕洞宾平复了伤感，作了一首绝句以表达感谢。

用于防卫的针叶

有着这样一些精灵，它们永远都喜欢戏弄人，常常搅乱一家人的平静。为了赶走这些不速之客，俄罗斯人会堆积一大摞冷杉的针叶，让它们数清叶子的具体数目。这个漫长而枯燥的任务让精灵们作罢，发誓再也不回到这个缺乏幽默细胞的家中……斯拉夫人也会与成日待在浴室的巴尼克小精灵抗争。如果对巴尼克不够尊敬，那么就会灾祸不断，包括因为吹风而生病。为了讨好它，人们会送给它香皂和冷杉树枝。

阿尔萨斯的博尔深湖（Bölchen）里聚集了各种奇怪的生物，比如背上扛着冷杉树的巨大鳟鱼。在安省（Ain）和汝拉省，生活着名为“野孩子”（Sauvageon）的树精，它们会在工人砍伐冷杉树的时候，在树枝上跳来跳去，以干扰他们干活。

法国的民俗学者保罗·塞比洛（Paul Sébillot）记录了萨瓦省（Savoie）过去使用的驱赶邪恶精灵的方法。第一步是最难的：找来一根冷杉树枝，它末端的形状类似于五指分开的手。然后需要剥去树皮，进行加工，让它更加形象。随后便可将它固定在屋顶或是门上，让“手指”朝向天空，以阻止恶灵来访。不得

据说单独生长的冷杉树里住着精灵，因此它们尤其受到尊敬。大量的羊肚菌可能就是它们给人的礼物之一。

不承认，人们在保护牲口的问题上就不那么费心了：只需在仓库的门上挂一根普通的冷杉树枝。不过农夫们说这方法保证有效。

始终要接受仙女的礼物

在上索恩省位于美少女峰（Planche-des-Belles-Filles）的一个森林中，生活着12位可爱的仙女，她们过去会在晚间和村民们一起聊天。当教堂敲响午夜的12下钟声时，她们便会与主人告辞，回到森林里，并且拒绝人们的陪伴。

然而，一天晚上，一个年轻人受到好奇心的驱使，暗中跟在了这些神秘仙女的后面，以期看看她们的住所长什么样。结果他看到的情景让他目瞪口呆。仙女们在相互道了晚安之后，各自溜进了一棵冷杉树中歇息。不过，违背仙女的意愿是不明智的。三天之后，好奇的年轻人在爬到冷杉树上收集松脂时，从树上摔了下来，死了……

相反，就像下文的故事证明的那样，只要有着纯洁而简单的心灵，就不用害怕这些仙女。一天，这12位仙女看到了结婚的队伍，于是给新娘和她的伴娘送了一些冷杉树枝作为礼物。伴娘看不上这些树枝，把它们扔在了地上，只有新娘感激仙女前来参加她的婚礼，把礼物留了下来。第二天早上，有谁在看到树枝变成金子后不感到惊讶呢！获知此事后，伴娘纷纷回到昨天走过的地方，但是没有一个人能找到被她们丢弃的树枝。

在 12 月 25 日之前的四个星期里，仔细地观察圣诞树吧，你可能有机会在里面发现金树枝！这受人欢迎的异象发生在圣诞仙女光顾之时：她们负责分发礼物，在飞行时碰到树枝就会让它变成金子。很多人巴不得她们笨手笨脚！

幻象与混乱

在斯堪的纳维亚半岛的野生环境中，生活着洞穴巨人，它们是一种原始的巨人。挪威的插画家西奥多·基特尔森（Theodor Kittelsen）十分喜欢这些传说中的精灵，经常描绘它们。我们最感兴趣的是山地洞穴巨人，它们的身上覆盖着一片云杉森林，看起来就像一个长满树木的山丘。人们常常把云杉和冷杉联系在一起，而事实上它们是不同种类的植物。

年末的客人

每个圣诞节，瑞典人都会在圣诞树下放上小精灵的塑像，或者把它们挂在树枝上作为装饰。这些小人表现的是托姆特（Tomte），一种居住在屋里的善良的小精灵。

它们负责看护人和牲畜，并带来圣诞礼物。

柳树

Salix，杨柳科

美丽的陷阱

植物学知识

❦乔木或灌木。❦叶片带有锯齿，为椭圆形或形状细长，互生。❦花没有花瓣，组成柔荑花序。❦雌雄异株。❦种子有茸毛。❦生长在潮湿的环境中，通常在淡水边。❦大量杂交使得分辨柳树的品种较为困难。

倾斜的住所

在斯拉夫陡峭的河岸两侧，庄严的柳树将枝条垂在水面上，形成一道靓丽的风景。夏夜还提供了更加瑰丽的景色。当月亮爬上天空，人们听到树叶沙沙作响。然而，却没有起风，没有什么打扰周边的空气。需要抬头才能解开谜底。美丽的鲁萨尔基坐在柳树枝头，荡着秋千，愉快地聊着天。盛夏，这些水中仙子在柳树和附近的桦树上休息。小心不要被她们所迷惑，因为她们的残忍程度与她们的美貌一样惊人。相反，你不需要担心住在垂柳里的精灵。不过，这要看情况……据说，一位日本武士在自己的花园里种了一棵极其优美的垂柳。但是，不幸却降临了：他的儿子摔断了腿，妻子死于一场怪病。武士认为垂柳是不幸的源头，他向他不信邪的邻居提议，把树移栽到他家。于是便这么做了。垂柳的新

被关起来的巫师

在夜幕下，被截取树梢的树木奇形怪状，侧影令人生畏。这一切不只是我们的想象力加工的结果。根据皮埃尔·杜布瓦的记载，柳树和鹅耳枥可笑的树干正是阿格里弗（Agriffeur），它们本是巫魔夜会的信徒，被黎明的阳光照耀后变成了怪树。

主人在一天早上惊喜地发现，一位美丽的女子靠在树边。他娶了该女子。直到五年之后，他才知道自己的妻子是垂柳精。

无比残忍

柳树似乎总是与恶灵相关。在汝拉省，有一片柳树林，里面住着三位白衣仙女，只要夜幕降临，她们便会惩罚任何打扰她们休息的莽撞闯入者。曾经，在科尔市（Corps）附近的阿尔卑斯山里，有一棵中空的柳树，里面住着类似的生灵。胆敢过于靠近树木的人会遭遇不幸！它们会砍掉这些可怜家伙的脑袋，并把头颅倒立放置……英国也有这种危险的树木。当夜晚来临时，在乡间和森林里，一些老柳树会连根走出地面，以便更好地追逐毫不知情而仍在四处游荡的人。因为托尔金，这个民间故事变得家喻户晓。在他的《指环王》一书中，Old Man Willow——可以翻译为“柳树老人”——会把进入森林的人吸引到自己身边。柳枝间的清风轻轻地拍打着来人，他们靠着树干打盹，而老树则展开自己身上的缝隙，把他们吞了进去……幸运的是，托尔金笔下的人物被及时地从魔法中解救出来。柳树老人爬出地面去追赶他们，依旧没有成功。

花楸树

Sorbus aucuparia，蔷薇科

最好的守卫者

屡试不爽的方法

很多地区的民间信仰都将花楸树视作最具保护功能的树木。人们认为用花楸木制成的物品、十字架，或者是一串花楸果，一定能够驱散恶灵，或是不怀好意的巫师和仙女。在欧洲的很多地方，比如英国或德国，农场主都会使用花楸木来制作将奶油做成黄油的木杖。人们认为这个工具有魔力，因此仙女或女巫便不能使黄油变质。

另一个经常被使用的物品是，由花楸木制成的并用红线捆扎的十字架。苏格兰人和斯堪的纳维亚半岛的居民将之固定在门窗上方，以驱逐恶灵。康沃尔的农夫把它作为护身符，放在口袋里，高地（Highlands）议会区的居民则将它缝入衣服的里子。在有些时期，最好用上两种防护措施，比如5月1日前夜的贝尔丹（Beltaine）火焰节。因为在这天晚上，女巫们会组织一场大型的巫魔夜会，并使用从牲畜棚偷来的牛奶来举行魔法仪式。为了防止盗窃的发生，农场主会在奶牛的尾巴上绑上小十字架，然后再将类似的物品放在牲口棚门的上方。不过话说回来，花楸树十分有效，甚至不需要加工就能驱邪。比如爱尔兰人就会信心满满地在床头和门口挂上普通的花楸树枝。同样，在高地议会区，人们相信在屋子附近种上花楸树能够保护家人。比利牛斯省的居民也靠种花楸树来博得自然精

植物学知识

乔木，可长至15米高。羽状复叶，由五至七组带锯齿的小叶片组成，两面均为绿色。小型白花组成伞房花序，气味浓烈而难闻。浆果为橙色或红色，会长时间挂在树上，深受鸟类喜爱。生长在树林、森林边缘的树篱中，喜爱岩质土壤和中海拔地区。

灵的善意。

甚至都不害怕！

过去在丹麦，一位农夫的田地里住着三个精怪，它们经常会在4月30日到5月1日的夜里捣乱。如果农场主粗心大意，忘了将农具收回，并在上面画上一个十字，那么它们就会把犁上的齿轮翻转成竖直，甚至把整个犁烧掉！

在用木棍搅动之前，确保它是用花楸木做的。

唯一拯救农具的办法便是，马上把它们拿出来，并且在每一个工具上画上十字，即使这样做可能会直面精怪和它们的巴掌。不过，在一天晚上，有一个男孩发现了对付它们的方法。他在脸上画上十字，用手帕包裹了一根花楸树枝并挂在自己脖子上，然后就出门了。他正准备在农具上画第一个十字，一个精怪过来想给他一耳光。但是男孩脸颊上的十字灼烧了精怪的手掌，他得以完成任务。他来到第二个钉耙面前，另一个精怪粗暴地抓住了男孩的脖子，却看到自己的手干枯了。男孩为他的成功感到高兴，走到最后一个精怪面前，把他的花楸树护身符拿给它看，并告诉它这是耶稣十字架的一部分，精怪转身就跑。多亏了他的花楸树，之后男孩再也不惧怕精怪了。

魔法杖

芬兰人认为花楸树是神圣的，它由一位名叫皮拉嘉达（Pihlajatar）的宁芙女神守护。根据神话，皮拉嘉达曾是森林之神的一位侍从。牧羊人习惯使用花楸木来制作他们的牧杖。他们把牧杖插在放牧的草场中间，然后祈祷仙女保护他们的羊群。

西洋接骨木

Sambucus nigra，五福花科

口头宣告

植物学知识

❧灌木或小型乔木，生长迅速，可长至10米高。❧茎中空，内含髓质。❧落叶木，对生叶，奇数羽状复叶，由五至七片带锯齿的小叶片组成。❧5—7月开小白花，香味浓郁，伞房花序，雌雄同株。❧浆果小而成串，颜色从黑色到淡紫色不等。❧生长在树林、树篱、空地上。

根据上布列塔尼的一个说法，每朵接骨木小花里都藏着一个逃离基督徒迫害的小仙女。

拿到许可

接骨木树枝的切口处流下的红色汁液，会让人联想到血液。这便足以让民间文化把接骨木想象成仙女或女巫的住所了。不过，接骨木里面住着的精灵中最有名的要属“接骨木老妈”。对她的信仰起源于丹麦，但这很快便传播到了多个国家，例如德国、瑞典和英国。能见到这位老妇人实属不易，她的出现，只会发生在春季或秋季。她衣服的颜色和接骨木一样：深色的围裙和浆果颜色一般，白色的披肩则让人想到白花。年老的精灵——她也被称作“老妇人”——是瘸子，走路的时候会拄着一根接骨木树枝。

接骨木是很好的制作笛子和魔杖的材料，但是用作他途可能会引发危险。如果用接骨木做房梁的话，房子的主人永远不会富有发达。在丹麦，睡在接骨木摇篮里的婴儿不能正常发育，也无法安眠。“接骨木老妈”会拉扯可怜的婴儿的腿脚，如果她不打算把他们掐死的话……

如果你不得不使用接骨木，那么一定要获得它里面的居民的许可。这样可以避免惹她生气，否则她在你的一生中都会找机会让你倒霉。方法很简单，要想在树木倒下之前让“接骨木老妈”离开，请念下面这句咒语：“老妇人，给我一点您的木头吧，当我变成一

棵树的时候，我也会把我的木材给您。”你也可以模仿路易斯安那和安的列斯群岛的克里奥尔人（Créole），边唱歌边在“珊布克夫人”（Dame Sambuc）面前摇晃——在那里，人们是如此称呼接骨木精灵的。

能召灵的气息

为了打发时间，过去牧羊人常常用接骨木制作笛子、芦笛和其他吹奏乐器。这种植物非常适合这种用途，因为它的茎是中空的，髓质很容易被剔除。但是，吹奏这样的乐器可能会带来意想不到的东西。布列塔尼的一个传说记载道，国王桂瓦克（Guivarc'h）有一个奇特之处：他长着马耳朵。国王用帽子掩盖了他的毛病，只有负责为他剃须和剪头发的理发师知道这个秘密。根据童话的一个古老版本，每个理发师在完成其理发任务后都被处死了，如此秘密便永远不会泄露……

其中一个可怜人的墓地里长出了一棵接骨木。一天早上，一个吹奏布列塔尼风笛的乐师折下了一根树枝，用它制成了一根簧片，然后前去参加一场婚礼。当他吹奏他的风笛时，发出的不是乐声，而是人声，他高声唱道：“国王桂瓦克长着马耳朵！”在场的宾客

在花园里种一棵庄严的接骨木，再安上铁栅栏（千万不要用接骨木制成的栅栏），房子便能得到极好的保护。

不敢出声，因为国王也出席了婚礼。这时国王命令侍卫把乐师带到他跟前，好亲手杀了他。乐师辩解道，这怪事跟他一点关系都没有，并且邀请国王自己吹奏试试。让人震惊的是，同样的句子在空中回荡……故事没有交代后续如何，十分可惜。

总之，在凯尔特人的记忆中，德鲁伊教祭司在吹奏接骨木制成的笛子时，从来没发生过这种怪事。德鲁伊教祭司依靠吹奏笛子与神灵、仙女和亡者的世界沟通。最后要知道，演奏接骨木制成的笛子，是可以破除魔法的。

夜晚的幻象

根据丹麦的一种说法，圣约翰节前夕是有幸见到精灵国王和它的侍从出行的唯一时刻。只需要在午夜的12下钟声敲响时，站在一棵接骨木树下。4月30日到5月1日的夜晚则能够有机会看到亡者的世界。同样地，需要在头上戴着由接骨木树枝做成的花冠。

仙女的美食

在7月的炎炎夏日，当接骨木花香四溢时，你可以采下六枝伞形花，把它们浸泡在200毫升干白或甜白葡萄酒中两日。然后取出花，并用纱布过滤三次。把过滤后的液体放入玻璃瓶中，加入150克糖和200毫升果酒。均匀混合后放置两周，你就能品尝美味的

“仙女酒”了。想让小孩子开心，我们向你推荐第二次世界大战后吉卜赛人发明的方子。当吉卜赛人在接骨木附近扎营时，父母会让孩子去找干柴。当孩子们离开后，母亲会折下接骨木树枝，把伞形花泡在做炸糕的面粉里。孩子回来后会惊喜地发现接骨木仙女为他们准备的糕点。

欢迎来到我家

如果相信俄罗斯人的说法，在屋前栽种一棵接骨木好处多多。它能辟邪，并且让屋主人长命百岁。不过，最基本的规则是不能在屋外设置用接骨木做成的栅栏。据说，若是如此，仙女们便不能自由走动。谁知道她们会不会为此恼怒呢?

蒂罗尔州的居民会在接骨木前脱帽向树中的仙女致敬，而在瑞典，孕妇会向接骨木送去飞吻。

双重性

一方面，人们相信接骨木能够保护大家不受邪灵和巫术的侵扰；另一方面，英国牛津郡（Oxfordshire）和米德兰兹郡（Midlands）的居民认为，最古老的接骨木是由女巫变化而来的。人们还说，这些邪恶之人会用接骨木树枝做魔杖，施法术让奶牛无法产奶。

烟草

Nicotiana tabacum，茄科

用来赠送的粉末

该死的烟草

在加拿大的一个森林深处，长期住着一对夫妻和他们的两个孩子。小家庭十分幸福，直到鼠疫降临到村庄。男人眼睁睁地看着亲人一个个死去，却无能为力。在消沉了一段时间之后，他重新振作起来，决定通过帮助别人来为生活赋予意义。很多年过去了，他成了一位受人尊敬和爱戴的智者，人们从此称他为老爷子。一个晴天，他坐在湖边，看到天空中有很多从蓝山岭飞来的奇怪的鸟类。其中一只突然从空中摔下，它的胸口插着箭，然而并没有任何村民放箭。人们认为这与巫术有关，远远地站在一边，不过老爷子不怕死，他走过去帮助落下的那只鸟。突然空中划过一道闪电，劈中了鸟，让它变成了一堆灰烬……老爷子用拐杖拨开黑色的灰烬，试图理解其中的玄机，这时他看到了一个小小的人。小人介绍说自己是精灵，住在蓝山岭里。精灵送给老爷子一些种子让他栽种，并向他承诺，如果他把这植物的干叶子作为烟来吸的话，时间会变得不那么漫长，他能够在缭绕的轻烟中看到逝去爱人的脸庞。这便是北美土著发现烟草的故事。

植物学知识

大型一年生草本植物，有短柔毛。叶片为全缘叶，带茸毛。雌花和雄花同体，粉色，聚集在茎的顶端。蒴果，有两室，内含大量小型种子。原产自中美洲。在法国作为栽培植物和观赏植物使用。

它拥有一切让人喜欢的地方

对于萨满来说，吸烟是与植物精灵沟通的方式，并且能够通过幻象获知植物的秘密。抽烟也能辟邪。

一堵烟墙

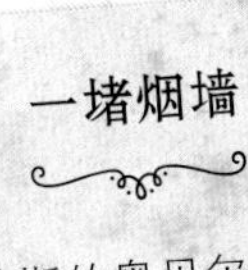

在阿尔萨斯的奥贝尔拉（Oberlag），生活着一个家养的小精灵。它习惯于参加主人每晚组织的聊天。不过它的烟斗里飘出的烟常常会让屋子里浓烟滚滚……

欢迎上供

在爱尔兰，遇到拉布列康精灵既是好事也是坏事。如果你有幸能先看到它，那么它会表现得讨人喜欢并十分慷慨，让你品尝它做的美味的啤酒。但是，如果是它先看到你，那么事情就复杂了……它可以随心所欲地把你变成其他东西，或者把你传送到任何它喜欢的地方。要想躲过厄运，我们建议你送给他一撮鼻烟，它十分喜欢这东西。而且拉布列康精灵从来都带着“杜丁”（dudeen），这是一支让人恶心的烟斗，它把烟斗嵌在帽子和饰带之间。

很多小精灵也嗜好烟草。比如古格林（Goguelin），它们会趁着水手睡觉的时候偷走他们的嚼烟，或是克鲁里卡纳（Cluricaune），它们既喜欢烟草也喜欢啤酒。最后让我们提一下多莫维依和尼思（Nisse），它们会忠诚地为给它们提供烟草的人服务。

在阿尔萨斯，查茨曼那拉（Schatzmannala）只使用冷杉木做成的烟斗。

美洲土著这边

美洲土著会把烟草献给河神，让它保佑自己。罗伯特·路易斯·史蒂文森（Robert Louis Stevenson）在他撰写的《金银岛》里，留给了家养精灵布朗尼一些鼻烟。

四片叶子的三叶草

Trifolium sp.，豆科

看到不可见的东西

神奇的配料

你有没有梦想过亲眼看看仙女那漂亮的小脸蛋？要知道你不需要什么魔杖就能实现你的愿望，一株有四片叶子的三叶草就够了！当然，找到这种稀有的植物需要耐心和坚持，不过绝对值得，因为四叶草常常是“仙女药膏”的配料之一。把仙女药膏涂在眼皮上，就能让人看见平时看不见的精灵。

很多被仙女叫去帮忙的助产士证实了这一点。仙女和精灵会让助产士在新生儿的眼皮上涂抹一种有魔力的膏药。助产士发现了这个秘密，出于好奇，她们悄悄地把膏药涂在了自己的一个眼皮上。她们惊讶地发现，她们能看到对面精灵的真实面貌。精灵制造的幻象和其他伪装对她们都不管用了。

没有任何魔法书记录了“仙女药膏”的配方。不

植物学知识

多年生草本植物。复叶，通常有三片小叶，叶片为椭圆形或长条形。小花组成紧密的球状花序，颜色为白色、粉色或黄色。果实为荚果，外面有干燥的花瓣包裹。生长在多草的地方，例如草坪、草地、空地或农地上。

别开口说话！

如果有一天，你有机会把“仙女药膏”涂抹在眼皮上，小心别让精灵发现你的秘密。最好的情况是，它们向你的眼睛吹口气消解魔法；而坏的情况则是，它们挖去你的一只眼睛……

过，按照老人的说法，只要接触到一株四叶草就能看到精灵。

英国诺森博兰（Northumberland）的一名年轻女子便是如此发现了正在跳舞的仙女：她在路上踩到了一株四叶草。把一株四叶草放在左脚的鞋子里，并且戴上三叶草和香桃木做的花冠，也能达到同样的效果。

反抗有时候是要付出代价的

四叶草的形状像十字架，这让人们赋予了它驱除幻象和消解各种魔法的能力。它也能破除精灵有时候喜欢搞的恶作剧。

很久很久以前，康沃尔的一位农场主在挤牛奶时发现他的一头奶牛突然停止了产奶。一天晚上，一位女佣在离开放牧的草场时，用青草、干草和三叶草做了一个花环，然后戴在头上，来固定她头顶着的刚挤出的一桶牛奶。这时她看见成千上万的小人从花里跑出来，趴在奶牛的胸前喝奶。正如你能料想到的一样，她的花环里有一株四叶草。于是人们在奶牛的乳房上涂抹腌鱼的盐水来保护奶牛，因为精灵很讨厌盐水的味道。不过，从这天开始，这头奶牛越来越瘦，最后在集市上以一口面包的价钱被人买走。如此看来，让精灵不满有时候是要付出代价的……

尽管有时候人们在表现拉布列康精灵时，把它和四叶草放在一起，但它更多的时候佩戴的是普通的三叶草，它是爱尔兰的象征。

葡萄树

Vitis vinifera，葡萄科

世界性的热忱

植物学知识

木质攀缘植物。掌状叶，有五片小叶，其他叶片变形成卷须，方便葡萄攀附在不同物体之上。花为绿色，组成花束，并结出葡萄。果实为浆果，颜色和大小随品种不同而改变。人类栽培出的不同葡萄品种被称作 cépage。

驱邪的葡萄酒

如果你想像英国人那样使艾尔夫精灵远离自己，那么你可以按下面的配方来制作药剂。将研磨后的没药、玛瑙粉末和白乳香粉末放入一瓶葡萄酒中。一晚上不要吃饭，然后连续三天早晨喝你制成的药酒。如果你还是会看到艾尔夫精灵或其他让人担忧的幻象，那么可能需要考虑少喝点葡萄酒……

用音乐预言

丁零丁零！在阿尔萨斯，当沉甸甸的葡萄压弯枝头，铃铛声宣布着收获葡萄的时间即将到来。这是查勒曼内勒（Schallemannele），或者叫“铃铛人”，正按照自己的习惯走遍葡萄园，挨个摸葡萄。与它在矿场干活的亲戚不同，这种小矮人喜欢在室外生活。大部分时间它都在查看和保护葡萄树，尤其是艾滕多夫（Ettendorf）丘陵的葡萄树。当葡萄成熟时，查勒曼内勒会捏破几个葡萄喝葡萄汁。如果它感到满意，就会高兴地继续往前走，并摇响它那挂在红色礼服上的铃铛。但是，如果收成不佳，它会坐下来，或者伤心地在葡萄树间蹭着地面慢慢走。它的铃铛则会发出几乎听不见的沮丧的声音。

还是在阿尔萨斯，不过这次是在往南一点的布兰斯塔特（Brunstatt），测试葡萄的是另一位音乐家。它名叫维基杰尔勒（Wîgigerle），也被称作“小小提琴手”。如果收成会很好，它将演奏欢快的乐曲，并且山间里会回响出人们跳舞和碰杯的声音。相反，如果收成不尽人意，葡萄树周围将是一片寂静，时不时被维基杰尔勒用小提琴奏出的悲伤而不协调的乐声打破。

奇怪的酒窖管理人

在爱尔兰的芒斯特省（Munster）生活着克鲁里

卡纳小精灵。如果它们晚上不去骑着奶牛和狗，直到把它们弄得精疲力竭，就会跑去小旅馆和农夫家的地窖里，跑到装满酒的酒桶边。它们善意地检查酒桶是不是密封完好，但是不会放过任何品尝啤酒、威士忌和外来的葡萄酒的机会！不过，批评它们的这种喜好是不合适的，因为除了保护酒桶外，克鲁里卡纳小精灵也会做家务。而意大利人的运气就没那么好了，他们只能凑合着忍受萨尔瓦内罗（Salvanello）小精灵。萨尔瓦内罗照顾马匹，凭着其心情的愉快或不佳，服务质量时好时坏……不过，它有时候会把葡萄酒变成醋。不用说，它的玩笑可不受欢迎！

感谢谁？

格拉巴酒（grappa）是意大利北部的一种传统烈酒，以葡萄的榨渣为原料制成。在葡萄被压榨后，人们将葡萄皮、葡萄串上的细枝和葡萄籽收集起来蒸馏。根据传说，发明这款十分受欢迎的烈酒的是名为古里尤茨（Guriùz）的穴居小矮人，它们十分调皮并喜爱偷窃。

各种精灵的名词解释

布朗尼（Brownie）：生活在苏格兰的家养精灵，喜欢威士忌、优质的啤酒，只要不送给它新衣服，它就愿意为人效劳。

替换儿（Changelin）：代替被掳走——被仙女替换——的人类婴儿的精灵。

野猎人（Chasseur sauvage）：野猎、空猎、飞行的独木舟……曾经是贪婪的领主、传奇的国王或精灵，被诅咒后，出没于最广阔的森林，进行着阴森森的猎捕活动。它们受到的惩罚是在暴风雨之夜，带领着幽灵和精灵的队伍，在林间散布恐惧，直到永远。

白衣女子（Dames blanches）：幽灵仙女，出现在路边或是古堡中。

绿衣女郎（Dames vertes）：身着绿衣的仙女，保护着自然，因此与自然密切相关，尤其是弗朗什－孔泰的森林。

多莫维依（Domovoï）：生活在俄罗斯的家养精灵，依恋炉子。每个枞木屋里都有一个多莫维依，它常常躲在火炉后面。

德拉克（Drac）：水生小精灵，出没于整个南法。它可以变化为各种形态，比如居于罗讷河河底的龙。

基本元素（Élémentaux）：炼金术把精灵和土、气、水、火四元素相联系。这些精灵被称为基本元素（Élémentaires 或 Élémentaux）。

艾尔夫精灵（Elfes）：斯堪的纳维亚半岛神话中的精灵，与小精灵类似。最初，在阐释北欧神话的重要作品《散文埃达》（*Edda de Snorri*）一书中，它们被描述为与自然相关的、有着人形的神祇。这部手写本提到了白精灵（它们居住在天空中，比太阳还要光芒四射）和黑暗精灵（它们藏在地底下，容貌阴森）。

药茶仙女（Fées tisanières）：治疗精灵疾病的仙女。她们知道药用植物和用于治疗的药茶的秘密。

鬼火（Follet）：对于科学家而言，鬼火现象源于沼泽地植物分解产生的气体的燃烧；但在精灵世界，佛雷是一种精灵，它们调皮，喜欢捉弄人，热衷于把人淹死或拖入泥潭。

地精(Gnome)：与土相关的基本元素精灵。是小矮人、小精灵的同义词。

仙女草(Herbe-fée)：在民间传说中，仙女草是指仙女会使用的有魔力的植物，或者是踩在上面会让人迷路的植物。有时候，人们将它们视作一种幻化成植物样子的精灵。

科里甘(Korrigan)：最早这是一个阴性名词，在布列塔尼的民间传说中，指在水边梳头的有着金色头发的仙女。随着使用，该名词指代的内容发生了变化，如今它指的是生活在布列塔尼的长相丑陋的小矮人。

洗衣仙子拉婉迪爱尔(Lavandière)：邪恶的仙女，人们会在法国很多地区的公共洗衣池碰到她。她会给你一个需要拧干的衣物，常常沾有血迹或者包裹着一具婴儿的尸体。

拉布列康(Leprechaun)：爱尔兰民间传说中的小精灵，大部分时候都以一位老者的样子出现。它爱恶作剧，是名鞋匠，会在彩虹脚下埋藏巨大的宝藏。

森林之母(Mère de la forêt)：在罗马尼亚，她被称作姆玛·帕杜利(Muma Paturi)。森林之母是一位长相丑陋的老妇人，孩子们都很怕她，因为她会把他们掳走，变成自己的奴隶。她象征着野生森林的精神。

努桐(Nuton)：居住在阿登地区的小精灵，擅长修补鞋和破损的锅具。它长着络腮胡，戴着一顶尖顶的红帽子。

鲁萨尔基(Roussalki)：生活在斯拉夫地区的水中女仙。她曾经是被淹死的女子，受到诅咒变成了恶灵。她报复男性，挑逗他们直到把他们弄死。鲁萨尔基在6月初尤其活跃，她们会从水中出来，悬坐在桦树的树枝上。

索特雷(Sotré)：生活在孚日山脉的小精灵。它会照顾牲畜，十分贪吃，经常让食物消失。

洞穴巨人(Troll)：斯堪的纳维亚半岛民间传说中的精灵。大部分时间它们被描述为长着长鼻子的巨人，不太聪明，把基督徒作为美餐。它们害怕阳光，在阳光照耀下会石化。

非常感谢皮埃尔·杜布瓦，他是我们的良师益友，用他精灵般的笔为我们写作序言。

韦罗妮卡和里夏尔

献给马尔蒂娜，我的教母兼植物学家，以及“山岭的博物学者”协会。

里夏尔

作者是谁？

韦罗妮卡·巴罗

出生于1969年，她在20岁之前生活在塔恩省（Tarn）的努瓦尔山区。沉浸在书中，穿梭在大自然中探寻新的宝藏，回溯时光发现古老的信仰，漫游于广阔的传说世界……她希望分享她的爱好，通过她的书以及她在梅鲁辛纳协会（Mélusine, www.assomelusine.fr）组织的活动（写作坊、自然音乐和展览）。

里夏尔·艾利

于1974年出生在根特（Gand）。他在巫师村艾勒泽勒（Ellezelles）度过了他的整个童年，这让他在大学时代研究吸血鬼、女巫和仙女。他获得了传播学学位，是植物人种学和博物学研究者。他热衷于树木和花草的小小神话世界，每天都通过文章、书籍和博客（peuple-feerique.com）伴随着它。从2007年开始，他开始投入关于精灵的小说和散文的写作，主要著作有《自然的精灵》（*Le Grand Livre des Esprits de la Nature*，Véga出版社）。

作者的其他作品

Véronique BARRAU

Les animaux s'amusent aussi, éditions Lire c'est partir, 2014

Découvrons les abeilles, Miellerie des Clauses à Montséret, 2013

Super Doudou, éditions Lolant, 2013

Herbier culinaire, auto-édition, 2013

Les Plantes porte-bonheur, éditions Plume de carotte, 2012

Balades et légendes en terre d'Aude, éditions du Cabardès, 2012

La Nature musicienne, eau et coquillages, association Mélusine, 2012

L'Herbier d'une vie, éditions Plume de carotte, 2011

Mémoires de paysages, histoires et légendes des phénomènes naturels, éditions Plume de carotte, 2009

Petite encyclopédie des sorcières, éditions du Mont, 2008

La Saint-Jean, rites et croyances d'antan, association Mélusine, 2008

Le flamBant rose, éditions Tertium, 2007

Mon jardin d'artiste, éditions Plume de carotte, 2006

Découvrons les flamants roses, association Toi du monde, 2006

Découvrons les cigales, association Toi du monde, 2005

Richard ELY

Fées et Follets au Pays des Collines, éditions au Jardin des Marluzines, 2014

Bestiaire fantastique et créatures féeriques de France, éditions Terre de Brume, 2013

Le Grand Livre des Esprits de la Nature, éditions Véga, 2013

L'Hôpital des fées, éditions Spootnik, 2008

Songes d'une nuit de fées, éditions Spootnik, 2007

糖果植物
PLANTES
à BONBONS

美容植物
PLANTES
DE BEAUTÉ

染色植物
PLANTES
à TEINTER

芳香植物
PLANTES
à PARFUM

饮料植物
L'IVRESSE DES
PLANTES

幸运植物

巫术植物
PLANTES
SORCIÈRES

药用植物
PHARMACIE

图书在版编目（CIP）数据

魔法植物 /（法）韦罗妮卡 · 巴罗，（法）里夏尔 · 艾利著；丁若汀译. 一北京：生活 · 读书 · 新知三联书店，2022.9
（植物文化史）
ISBN 978－7－108－07403－4

Ⅰ. ①魔… Ⅱ. ①韦… ②里… ③丁… Ⅲ. ①植物－普及读物
Ⅳ. ① Q94-49

中国版本图书馆 CIP 数据核字（2022）第 059442 号

特邀编辑 张艳华
责任编辑 徐国强
装帧设计 刘 洋
责任校对 张 睿
责任印制 张雅丽
出版发行 生活 · 讀書 · 新知 三联书店
（北京市东城区美术馆东街 22 号 100010）
网 址 www.sdxjpc.com
图 字 01-2019-1009
经 销 新华书店
印 刷 天津图文方嘉印刷有限公司
版 次 2022 年 9 月北京第 1 版
2022 年 9 月北京第 1 次印刷
开 本 720 毫米 × 1020 毫米 1/16 印张 9.5
字 数 100 千字 图 139 幅
印 数 0,001－4,000 册
定 价 88.00 元
（印装查询：01064002715；邮购查询：01084010542）